MENTOR ABITUR-HILFE

Band 666

Physik
Oberstufe

Elektrizität und Magnetismus

Ladung, Felder, Induktion, elektromagnetische Wellen

Mit ausführlichem Lösungsteil

Mit Lerntipps!

Erhard Weidl

Mentor Verlag München

Über den Autor:

Erhard Weidl, Diplom-Physiker, Oberstudienrat
an einer Berufsoberschule Technik

Lerntipps:

Alexander Geist, staatlicher Schulpsychologe an einem Gymnasium

Redaktion: Dr. Hans-Peter Waschi

Illustrationen: Udo Kipper, Hanau

Cartoon Seite 5: Erhard Weidl

Layout: Barbara Slowik, München

Titelgestaltung: Iris Steiner, München

Umwelthinweis: Gedruckt auf chlorfrei gebleichtem Papier.

Auflage:	5.	4.	3.	2.	1.	letzte Zahlen
Jahr:	2002	2001	2000	1999	98	maßgeblich

© 1998 by Mentor Verlag Dr. Ramdohr KG, München

Satz/Repro: Fotosatz Köhler OHG, Würzburg
Druck: Druckhaus „Thomas Müntzer", Bad Langensalza
Printed in Germany • ISBN 3-580-63666-9

*
DAS KAPITEL 7
VERSTEHST DU NOCH
BESSER, WENN DU IN
MENTOR ABITUR-
HILFE BAND 665
PHYSIK OBERSTUFE
TEIL 1 "MECHANIK"
NOCHMAL DIE
KAPITEL 6 UND 7
ÜBER MECHANISCHE
SCHWINGUNGEN UND
WELLEN ANSCHAUST.

Benutzerhinweise

Die Rechtschreibung in diesem Band entspricht den Regelungen der Reform.

Diese Piktogramme und Symbole begleiten Sie durch den ganzen Band. Sie stehen für:

 Definition

 Wichtig

→ Aufgaben 1.1 – 1.3   weist Sie auf zum jeweiligen Thema passende Aufgaben am Ende des Kapitels hin.

Ladungen und elektrische Felder

Geladene Körper

Wir haben kein Sinnesorgan, mit dem wir die Elektrizität unmittelbar wahrnehmen können. Aber die Wirkungen elektrischer Kräfte lassen sich beobachten.

> So wie die Gravitationskraft zwischen zwei Körpern durch deren Masse verursacht wird, wird die elektrische Kraft durch die **Ladung** der beteiligten Körper hervorgerufen.

Wenn wir die Elektrizität verstehen wollen, müssen wir den atomaren Aufbau der Körper betrachten:

Ein Atom besteht aus einem Atomkern mit positiver und einer Elektronenhülle mit negativer Ladung. Wenn beide Ladungen denselben Betrag haben, so wirkt das Atom nach außen elektrisch neutral. Wird aber vom Atom ein Elektron abgetrennt, bleibt ein positives Ion zurück.

Ein Körper, der aus vielen Atomen besteht, ist in der Regel elektrisch neutral. Werden aus ihm allerdings einige Elektronen entfernt, so ist ein Überschuss an positiven Ladungen vorhanden und der Körper ist positiv geladen. Werden hingegen einige Elektronen zusätzlich auf den Körper gebracht, so ist er negativ geladen.

Elektrisch neutraler Körper	Positiv geladener Körper: Elektronenmangel	Negativ geladener Körper: Elektronenüberschuss
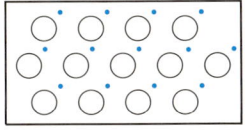	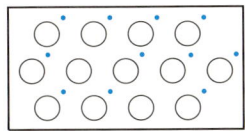	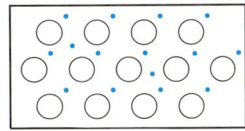

◯ positives Ion   • negatives Elektron

Zwei positive geladene Körper stoßen sich ebenso ab wie zwei negativ geladene. Ein positiv und ein negativ geladener Körper ziehen sich an. Kurz gesagt:

> Gleichnamige Ladungen stoßen sich ab.
> Ungleichnamige Ladungen ziehen sich an.

Es gibt Materialien, in denen die Elektronen ziemlich fest an die Atomkerne gebunden sind. Sie heißen Isolatoren oder Nichtleiter. Elektrische Leiter hingegen sind Stoffe, in denen sich ein Teil der Elektronen frei bewegen kann. Sie eignen sich deshalb für Versuche, bei denen Ladungen bewegt werden sollen.

1.2 Das COULOMB'sche Gesetz

Wie groß sind denn nun die Kräfte, die zwischen geladenen Körpern auftreten?

Die ersten exakten Messungen führte 1785 der französische Physiker CHARLES AUGUSTIN DE COULOMB durch.

Wir können ähnlich vorgehen wie er und eine kleine Metallkugel aufladen, die wir dann kurz mit einer gleichartigen Metallkugel berühren. Dadurch verteilt sich die Ladung gleichmäßig auf beide Kugeln und wir haben zwei gleich geladene Kugeln zur Verfügung, die einander abstoßen.

Wenn die Kugeln an Fäden aufgehängt sind, lässt sich die Abstoßungskraft F aus der Fadenlänge l, der Auslenkung a gegenüber der Lotrechten und der Gewichtskraft F_g einer Kugel bestimmen:

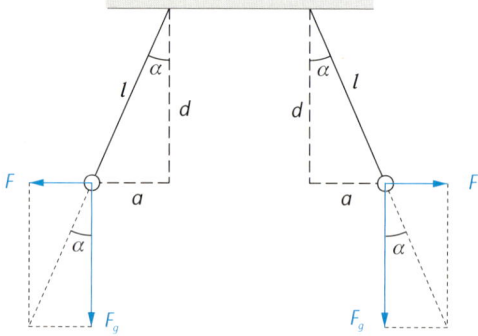

Wegen der Ähnlichkeit der beiden durch den Winkel α bezeichneten Dreiecke gilt:

$$\frac{F}{F_g} = \frac{a}{d} = \frac{a}{\sqrt{l^2 - a^2}}$$

Die Auslenkung a ist bei diesem Versuch in aller Regel sehr viel kleiner als die Fadenlänge l. Somit ergibt sich:

$$\frac{F}{F_g} = \frac{a}{l} \quad \Rightarrow \quad F = \frac{a}{l} \cdot F_g$$

Man kann die Ladung einer der Versuchskugeln halbieren, indem man sie mit einer weiteren gleichartigen, ungeladenen Kugel berührt. Auf diese Weise lässt sich dieser Versuch mit unterschiedlichen Ladungen Q_1 und Q_2 durchführen. Variiert man außerdem auch den Abstand r der Kugelmittelpunkte, so kann man sich davon überzeugen, dass die Kraft zwischen zwei kleinen kugelförmigen geladenen Körpern mit dem Quadrat ihrer Entfernung r abnimmt und dass sie dem Produkt $Q_1 \cdot Q_2$ ihrer Ladungen proportional ist.

Diese Beziehung gilt umso exakter, je kleiner der Radius der Kugeln im Vergleich zu ihrer Entfernung ist. Streng genommen ist sie nur für den Idealfall punktförmiger Ladungen gültig.

Nun haben wir aber bisher für die Ladung noch gar keine Einheit festgelegt. Wir benutzen dazu das von COULOMB gefundene Kraftgesetz:

> Die Einheit der Ladung ist 1 C (Coulomb).
>
> Zwei punktförmige Ladungen besitzen jeweils die Ladung 1 C, wenn sie sich in 1 m Abstand mit der Kraft $9{,}0 \cdot 10^9$ N abstoßen.

Wir werden im Kapitel „Ströme und magnetische Felder" noch eine weitere Definition der Ladungseinheit 1 C kennen lernen.

Das COULOMB'sche Kraftgesetz kann nun in folgender Weise geschrieben werden:

$$F = k \cdot \frac{Q_1 \cdot Q_2}{r^2} \quad \text{mit } k = 9{,}0 \cdot 10^9 \, \text{N} \, \text{m}^2 \, \text{C}^{-2}$$

Der Proportionalitätsfaktor k hängt mit einer wichtigen Naturkonstante, der **elektrischen Feldkonstante**,

$$\varepsilon_0 = 8{,}85 \cdot 10^{-12} \, \text{C} \, \text{V}^{-1} \, \text{m}^{-1}$$

zusammen:

$$k = \frac{1}{4 \pi \varepsilon_0}$$

Die Benennung $\text{C} \, \text{V}^{-1} \, \text{m}^{-1}$ wird erst am Ende von Kapitel 1.5 verständlich.

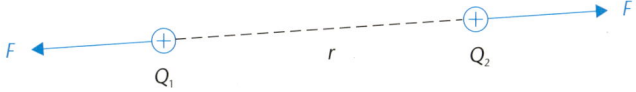

Zwischen der punktförmigen Ladung Q_1 und der im Abstand r befindlichen punktförmigen Ladung Q_2 wirkt die Kraft:

$$F = \frac{1}{4 \pi \varepsilon_0} \cdot \frac{Q_1 \cdot Q_2}{r^2}$$

Die Kraft wirkt in Richtung der Verbindungslinie beider Ladungen.

Haben Q_1 und Q_2 gleiche Vorzeichen, ist die Kraft abstoßend. Haben sie verschiedene Vorzeichen, ist sie anziehend.

COULOMB'sches Gesetz

1.3 Elektrische Feldstärke und elektrisches Feld

Wir wollen nun die elektrischen Kraftwirkungen genauer beschreiben, die von einer *ruhenden* Metallkugel ausgehen, welche die positive Ladung Q trägt.

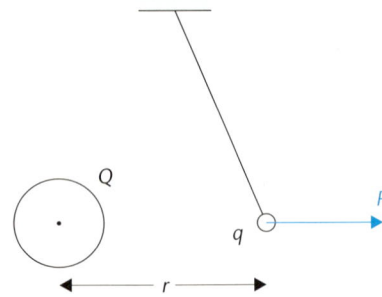

Als „Probekörper" bringen wir eine kleine, isoliert aufgehängte metallische Kugel mit der wesentlich geringeren positiven „Probeladung" q in die Entfernung r vom Mittelpunkt der Metallkugel mit der Ladung Q.

Die am Ort des Probekörpers wirkende Kraft F wird von der großen Ladung Q verursacht. Sie ist genauso groß wie die Kraft, die eine *punktförmige* Ladung Q verursachen würde, die sich im Mittelpunkt der großen Kugel befindet:

$$F = \frac{1}{4\pi\varepsilon_0} \cdot \frac{Q \cdot q}{r^2} = \frac{1}{4\pi\varepsilon_0} \cdot \frac{Q}{r^2} \cdot q$$

Sie enthält zwei Faktoren: $\frac{1}{4\pi\varepsilon_0} \cdot \frac{Q}{r^2}$ und q. Der Faktor q ist eine Eigenschaft des Probekörpers und natürlich unabhängig vom Ort, an dem sich dieser befindet. Der Faktor $\frac{1}{4\pi\varepsilon_0} \cdot \frac{Q}{r^2}$ hingegen ist nur abhängig vom jeweiligen Ort und dort für alle möglichen Probekörper gleich.

Den ortsabhängigen Faktor $\frac{1}{4\pi\varepsilon_0} \cdot \frac{Q}{r^2}$ erhält man, wenn man den Quotienten $\frac{F}{q}$ bildet. Er wird als die elektrische Feldstärke am Ort des Probekörpers bezeichnet.

Diese Definition lässt sich auch anwenden, wenn die Kraft nicht von einer Kugel, sondern von einem anderen geladenen Körper ausgeht:

> Die Ladung Q verursacht auf eine kleine Probeladung q die elektrische Kraft $\vec{F}$, die zu q proportional ist. Um die Kraftwirkung der Ladung Q am Ort der Probeladung auf eine Weise zu beschreiben, die unabhängig davon ist, welche spezielle Probeladung q verwendet wird, definiert man die **elektrische Feldstärke**:
>
> $$\vec{E} = \frac{\vec{F}}{q}$$
>
> Die elektrische Feldstärke ist ein Vektor in Richtung der Kraft auf eine positive Probeladung.

Die Einheit der elektrischen Feldstärke ist 1 Newton pro Coulomb.

$$[E] = 1\,\text{NC}^{-1}$$

Wenn man jedem Ort einen bestimmten und vom Ort abhängigen Wert einer physikalischen Größe zuschreiben kann, so spricht man von einem Feld.
Da man jedem Ort in der Umgebung der Ladung Q einen bestimmten Vektor der elektrischen Feldstärke $\vec{E}$ zuordnen kann, hat die Ladung Q ein elektrisches Feld.

> Das **elektrische Feld** ist die Gesamtzahl der Vektoren der elektrischen Feldstärke $\vec{E}$ in der Umgebung der felderzeugenden Ladung.

Anschaulicher als die Darstellung des Feldes durch Vektoren ist die Darstellung durch **Feldlinien**. Auch aus diesen gedachten Linien lassen sich in jedem ihrer Punkte Richtung und Betrag des Feldstärkevektors ablesen. Die Richtung des Feldstärkevektors ist die Richtung der Feldlinie in diesem Punkt. Der Betrag des Feldstärkevektors wird durch die Dichte der Feldlinien in der Umgebung des Punktes repräsentiert.

Eine positive Probeladung q wird von der Ladung $+Q$ abgestoßen und von der Ladung $-Q$ angezogen. Deshalb zeigen die elektrischen Feldlinien von der Ladung $+Q$ weg und zu Ladung $-Q$ hin.

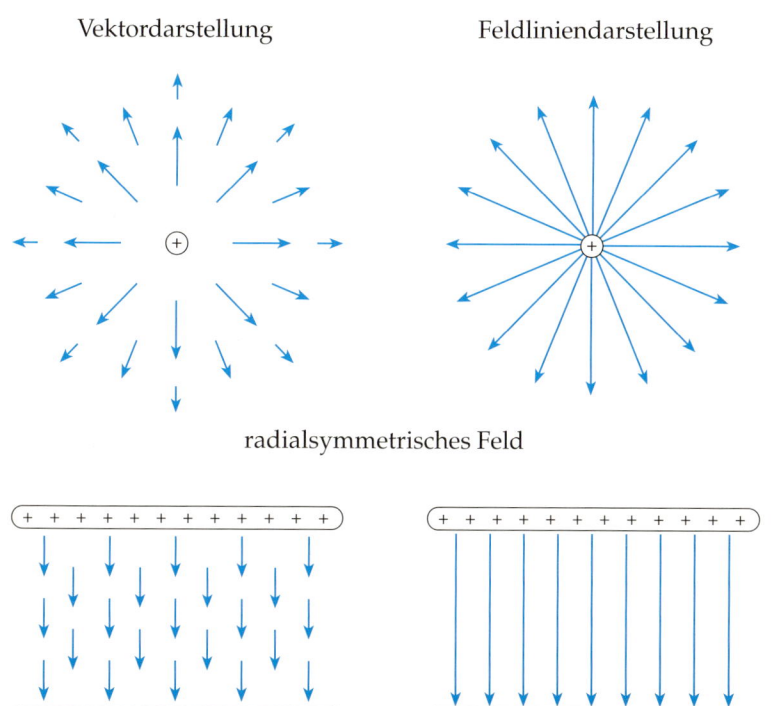

Vektordarstellung   Feldliniendarstellung

radialsymmetrisches Feld

homogenes Feld

→ **Aufgabe 1.1** Von besonderer Wichtigkeit für uns sind das radialsymmetrische elektrische Feld einer punktförmigen Ladung und das homogene elektrische Feld im Innern eines Plattenkondensators, der aus zwei parallelen, entgegengesetzt geladenen Metallplatten besteht.

> Sind die Feldstärkevektoren in allen Raumpunkten gleich, so hat man ein **homogenes Feld**.
> Die Feldlinien eines homogenen Feldes sind parallel und haben voneinander jeweils gleichen Abstand.

1.4 Spannung und elektrisches Potenzial

Auf eine positive Probeladung q wirkt im elektrischen Feld eine Kraft in Feldrichtung. Welche Arbeit muss aufgewendet werden, um die Probeladung im Feld zu bewegen?

Die Situation im radialsymmetrischen elektrischen Feld der Ladung Q lässt sich gut vergleichen mit der reibungsfreien Bewegung einer Kugel auf einem völlig symmetrisch geformten „Vulkanberg".

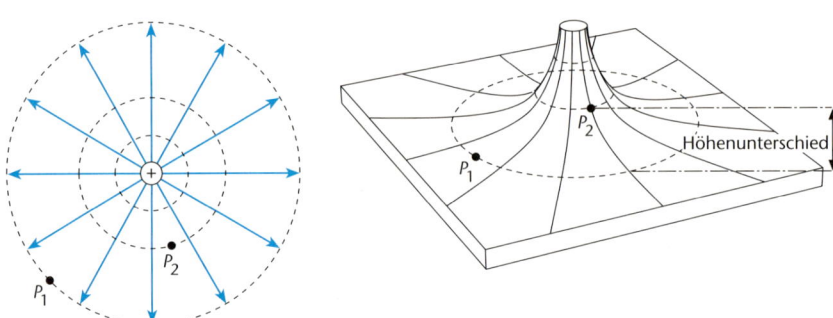

Soll die Kugel bergauf rollen, muss Arbeit an ihr verrichtet werden. Lässt man sie bergab rollen, wird die gespeicherte Arbeit wieder frei. Es ist also völlig gleichgültig, welche Gestalt der Weg hat, auf dem die Kugel vom Anfangspunkt P_1 zum Endpunkt P_2 rollt. Entscheidend für die aufzuwendende Arbeit ist allein der Höhenunterschied zwischen P_1 und P_2. Nun ja, wenn man eine andere Kugel verwendet, merkt man natürlich, dass die Arbeit zwar einerseits vom Höhenunterschied, aber andererseits auch noch von der Masse der Kugel abhängig ist.

Bei einer Probeladung im elektrischen Feld ist es entsprechend: Die für die Bewegung erforderliche Arbeit W ist ebenfalls von zwei Faktoren abhängig:

$$W = q \cdot U$$

Der Masse entspricht die Probeladung q. Die elektrische Größe, die dem Höhenunterschied entspricht und die nur von der Lage des Anfangs- und Endpunkts der Bewegung abhängt, heißt elektrische Spannung U.

Die Definition der Spannung lautet also:

> Der Quotient aus der Arbeit W, die man verrichten muss, um einen geladenen Probekörper vom Punkt P_1 zum Punkt P_2 zu bringen, und der Ladung q des Probekörpers wird als die **Spannung** U zwischen den Punkten P_1 und P_2 bezeichnet:
>
> $$U = \frac{W}{q}$$

Die Einheit der Spannung ist 1 Volt:

$$[U] = 1\,\text{V} = 1\,\frac{\text{J}}{\text{C}}$$

Wie groß ist denn die Arbeit, die für die Bewegung der Probeladung aufzuwenden ist?

Beim radialsymmetrischen elektrischen Feld ist eine exakte Herleitung der Formel nur mit anspruchsvoller Mathematik (Integralrechnung) möglich. Das wird Ihnen vermutlich nicht abverlangt werden, also verzichten wir darauf und begnügen uns mit der Betrachtung der Formel:

> Die Arbeit, die im radialsymmetrischen elektrischen Feld einer punktförmigen Ladung Q an einem Körper mit der Ladung q verrichtet wird, der in diesem Feld vom Anfangspunkt P_1 zum Endpunkt P_2 bewegt wird, ist
>
> $$W = \frac{1}{4\pi\varepsilon_0} \cdot Q \cdot q \left(\frac{1}{r_2} - \frac{1}{r_1} \right)$$
>
> Dabei sind r_1 und r_2 die Abstände der Punkte P_1 und P_2 von der felderzeugenden Ladung Q.

Mit der Arbeit W ist eine Änderung der potenziellen Energie E_p der Probeladung q verbunden:

$$W = E_{p2} - E_{p1}$$

Andererseits gilt nach obiger Formel:

$$W = \frac{1}{4\pi\varepsilon_0} \cdot \frac{Q \cdot q}{r_2} - \frac{1}{4\pi\varepsilon_0} \cdot \frac{Q \cdot q}{r_1} \quad \Rightarrow \quad W = E_{p2} - E_{p1}$$

Aus der Formel für die Arbeit W gewinnen wir einen Ausdruck für die potenzielle Energie:

> Im radialsymmetrischen elektrischen Feld der Ladung Q hat eine Ladung q im Abstand r von der felderzeugenden Ladung die potenzielle Energie:
>
> $$E_p = \frac{1}{4\pi\varepsilon_0} \cdot \frac{Q \cdot q}{r}$$

Das Nullniveau der potenziellen Energie befindet sich in sehr großer Entfernung ($r = \infty$) von der felderzeugenden Ladung, wo deren Kraft nicht mehr spürbar ist.

Die potenzielle Energie ist von zwei Faktoren abhängig: $E_p = q \cdot \varphi$

Der Faktor q ist die Ladung des Probekörpers, der Faktor $\varphi = \frac{1}{4\pi\varepsilon_0} \cdot \frac{Q}{r}$

ist unabhängig von der Art des verwendeten Probekörpers und wird als elektrisches Potenzial bezeichnet. Allgemein gilt:

> Das **elektrische Potenzial** φ im Punkt P ist der Quotient aus der potenziellen Energie E_p eines geladenen Probekörpers im Punkt P und der Ladung q des Probekörpers:
>
> $$\varphi = \frac{E_p}{q}$$

Das Potenzial im radialsymmetrischen elektrischen Feld wird auch als COULOMB-**Potenzial** bezeichnet:

$$\varphi = \frac{1}{4\pi\varepsilon_0} \cdot \frac{Q}{r}$$

Wenn wir $\qquad W = E_{p2} - E_{p1} = q\varphi_2 - q\varphi_1 = q(\varphi_2 - \varphi_1)$

vergleichen mit $\quad W = qU,$

so erkennen wir:

> Die Spannung U zwischen den Punkten P_1 und P_2 ist gleich der Differenz ihrer elektrischen Potenziale:
>
> $$U = \varphi_2 - \varphi_1$$

→ Aufgabe 1.2

Das elektrische Potenzial hat also ebenso wie die Spannung die Einheit 1 Volt.

Die elektrische Feldstärke im Plattenkondensator   *1.5*

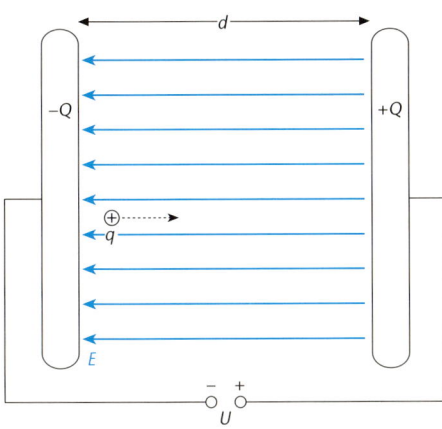

Ein Gerät, mit dem sich Ladungen speichern lassen, heißt **Kondensator**. Es gibt viele verschiedene Bauarten. Die grundlegenden Zusammenhänge lassen sich am leichtesten an einem Plattenkondensator verstehen, der aus zwei großen parallelen Metallplatten besteht, die die Ladungen $+Q$ und $-Q$ tragen.

Haben die beiden Platten den Abstand d und herrscht zwischen ihnen die Spannung U, so muss für die Bewegung einer positiven Probeladung q von der negativen zur positiven Platte die Arbeit

$$W = q \cdot U$$

aufgewendet werden. Da die Probeladung längs des Weges d ständig gegen die konstante abstoßende Kraft F bewegt werden muss, beträgt die geleistete Arbeit

$$W = F \cdot d.$$

Aus der Gleichung $F \cdot d = q \cdot U$ erhält man die elektrische Feldstärke:

$$E = \frac{F}{q} = \frac{U}{d}$$

Liegt an einem Plattenkondensator mit dem Plattenabstand d die Spannung U, so hat das homogene Feld in seinem Innern die elektrische Feldstärke:

$$E = \frac{U}{d}$$

Als Einheit der elektrischen Feldstärke kann man (neben $1\,\text{N}\,\text{C}^{-1}$) auch 1 Volt pro Meter verwenden: $1\,\text{V}\,\text{m}^{-1}$

Der Quotient $\frac{Q}{A}$ aus der Ladung Q eines Körpers und der von ihr belegten Fläche A wird als die **Flächenladungsdichte** D dieses Körpers bezeichnet.

Die Einheit der Flächenladungsdichte ist $1\,\text{C}\,\text{m}^{-2}$.

Beim Plattenkondensator ist die Ladung gleichmäßig auf die beiden nach innen weisenden Flächen verteilt. Die Feldstärke im Innern des Kondensators ist natürlich umso größer, je dichter die Ladungen auf den Platten gedrängt sind:

> Die elektrische Feldstärke im Innern eines Plattenkondensators ist proportional zur Flächenladungsdichte seiner Platten:
>
> $$E = \frac{1}{\varepsilon_0} \cdot \frac{Q}{A} = \frac{1}{\varepsilon_0} \cdot D$$

Aus der Gleichung $\varepsilon_0 = \frac{1}{E} \cdot \frac{Q}{A}$ wird nun die Benennung von ε_0 verständlich:

$$\frac{1}{\frac{V}{m}} \cdot \frac{C}{m^2} = C\,V^{-1}m^{-1}$$

1.6 Kapazität

Im Plattenkondensator gilt $E = \frac{U}{d}$ und $E = \frac{1}{\varepsilon_0} \cdot \frac{Q}{A}$. Aus $\frac{1}{\varepsilon_0} \cdot \frac{Q}{A} = \frac{U}{d}$ folgt $Q = \varepsilon_0 \cdot \frac{A}{d} \cdot U$.

Die von einem Kondensator gespeicherte Ladung Q ist also einerseits abhängig von der angelegten Spannung U, andererseits aber auch von den geometrischen Dimensionen des Kondensators, die seine Aufnahmefähigkeit für Ladungen, also seine Kapazität, bestimmt.

> Die **Kapazität** C eines Kondensators ist der Quotient aus der Ladung Q, die er bei der Spannung U aufnimmt, und dieser Spannung:
>
> $$C = \frac{Q}{U}$$

Die Einheit der Kapazität ist 1 Farad.

$$[C] = 1\,F = 1\,\frac{C}{V}$$

> Die Kapazität eines Plattenkondensators beträgt:
>
> $$C = \varepsilon_0 \cdot \frac{A}{d}$$

Die bisherigen Überlegungen gelten genau genommen nur für einen evaku-
ierten Kondensator. Sie sind auch für einen luftgefüllten Kondensator noch
hinlänglich genau. Wird in den Raum zwischen den Kondensatorplatten aber
ein anderer Isolator gebracht, so erhöht sich die Kapazität des Kondensators
um den Faktor ε_r, der als **Dielektrizitätszahl** (oder **Permittivitätszahl**) des
betreffenden Isolators bezeichnet wird. Ein Isolator ist ein nichtleitendes
Material, das man auch **Dielektrikum** nennt.

Die Kapazität eines mit einem Dielektrikum gefüllten Plattenkondensators
ist also:

$$C = \varepsilon_r \varepsilon_0 \cdot \frac{A}{d}$$

Die elektrische Feldstärke dieses Kondensators ist um den Faktor ε_r geringer
als beim luftgefüllten Kondensator:

$$E = \frac{1}{\varepsilon_r \varepsilon_0} \cdot D$$

Energie des elektrischen Feldes 1.7

Zum Aufladen eines Plattenkondensators und damit zum Aufbau eines homogenen elektrischen Feldes braucht man eine Energiequelle. Wir wollen nun die
Energie berechnen, die von ihr während des Feldaufbaus geliefert wird.

Dazu stellen wir uns vor, dass das elektrische Feld dadurch entsteht, dass in
einem zunächst ungeladenen Kondensator einzelne Ladungsträger, die eine
winzig kleine Ladung q haben, von der einen zur anderen Platte transportiert
werden. Beim ersten Ladungsträger braucht noch keine Arbeit verrichtet zu
werden, da noch kein Feld besteht. Aber je mehr Ladungsträger zur anderen
Platte transportiert worden sind, desto höher ist die Spannung zwischen beiden Platten und desto mehr Arbeit muss bei jedem Transport aufgewendet
werden. Erst mit dem Transport des letzten Ladungsträgers erhält der Kondensator seine endgültige Ladung Q.

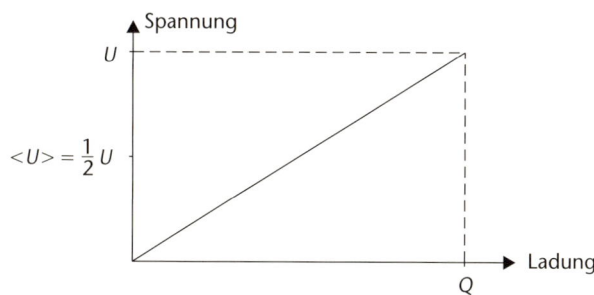

Beim Ladungsträgertransport steigt die Spannung von null linear auf den
Endwert U an. Insgesamt muss also ebenso viel Arbeit aufgewendet werden
wie für den Transport der gesamten Ladung Q gegen die konstante mittlere

Spannung $\langle U \rangle = \frac{1}{2} U$: $\quad W = Q \cdot \langle U \rangle = \frac{1}{2} Q \cdot U$

Wegen $Q = C \cdot U$ gilt:

Hat ein Plattenkondensator die Kapazität C und herrscht zwischen seinen Platten die Spannung U, so ist in ihm die **Energie des elektrischen Feldes**

$$W = \frac{1}{2} CU^2$$

gespeichert.

→ **Aufgaben 1.3 – 1.6**

1.8 Übungsaufgaben zu Kapitel 1

Aufgabe 1.1 Zwei gleichartige Kugeln mit je 1,0 g Masse sind an 50 cm langen Nylonfäden aufgehängt. Beide Kugeln tragen gleiche positive Ladung Q. Sie stoßen sich so stark ab, dass sich der Abstand $d = 8{,}0$ cm einstellt.

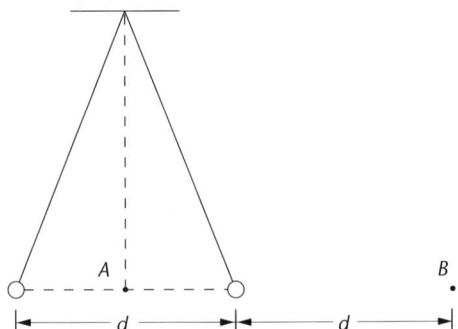

a) Fertigen Sie für eine der beiden Kugeln eine Skizze aller auf sie wirkenden Kräfte.

b) Welche elektrische Abstoßungskraft herrscht zwischen den beiden Kugeln?

c) Welche Ladung Q trägt eine Kugel?

d) Berechnen Sie für die Punkte A und B die elektrische Feldstärke, die von beiden Ladungen erzeugt wird.

Lösungshinweis: Berechnen Sie zuerst eine Formel für die Kraft, die von beiden geladenen Kugeln auf eine positive Probeladung q ausgeübt würde, wenn sie in A platziert wäre. Gehen Sie für B ebenso vor.

Aufgabe 1.2 Eine Metallkugel hat 30 cm Durchmesser. Sie wird durch ein Hochspannungsgerät auf $Q = +3{,}8 \cdot 10^{-7}$ C aufgeladen. Ein Styroporkügelchen befindet sich in 25 cm Abstand von der Kugeloberfläche. Es trägt die Ladung $q = -4{,}3 \cdot 10^{-9}$ C.
Gravitation und Reibung sind zu vernachlässigen.

a) Welche elektrische Feldstärke und welches Potenzial herrschen auf der Kugeloberfläche?

b) Welche Spannung lieferte das Hochspannungsgerät?

c) Welche Arbeit ist aufzuwenden, um das Styroporkügelchen in einen 8,0 cm größeren Abstand von der Kugeloberfläche zu bringen?

d) Welche Arbeit ist aufzuwenden, um das im Abstand 25 cm von der Kugel-oberfläche befindliche Styroporkügelchen völlig aus dem Anziehungs-bereich der Metallkugel zu entfernen?

Aufgabe 1.3

Ein mit Luft gefüllter Plattenkondensator besteht aus zwei kreisförmigen Metallplatten mit dem Durchmesser 70 cm. Sie haben den Abstand 2,0 cm. Der Kondensator wird mit der Gleichspannung 2,0 kV aufgeladen.

a) Welche Kapazität hat der Kondensator?

b) Wie groß ist die Ladung einer Kondensatorplatte?

c) Welche elektrische Feldstärke und welchen Energieinhalt hat das Konden-satorfeld?

d) Welche Flächenladungsdichte hat der Kondensator?

Aufgabe 1.4

Ein Plattenkondensator hat vertikal angeordnete, kreisförmige Platten mit 28 cm Durchmesser im Abstand 8,0 cm. Die Platten sind mit einer 12-kV-Span-nungsquelle verbunden. Zwischen ihnen hängt an einem isolierenden Faden ein Metallplättchen der Fläche 3,5 cm^2 und der Masse 0,27 g.

Das Metallplättchen wird mit einer Kondensatorplatte flächig in Berührung gebracht und dann losgelassen. Es kommt in einer Lage zur Ruhe, in der der Faden um den Winkel α ausgelenkt ist.

a) Welche Flächenladungsdichte hat eine Kondensatorplatte?

b) Welche Ladung hat das Metallplättchen?

c) Bei welchem Auslenkwinkel α des Fadens kommt das Metallplättchen zur Ruhe?

d) Nun wird der Plattenabstand verdoppelt, wobei der Kondensator mit der Spannungsquelle verbunden bleibt. Welche Flächenladungsdichte hat nun eine Kondensatorplatte?

Aufgabe 1.5

An einen mit Luft gefüllten Plattenkondensator mit der Plattenfläche A_0 und dem Plattenabstand d_0 wird die Spannung U_0 angelegt. Die Spannungsquelle wird nach dem Ladevorgang vom Kondensator getrennt. Anschließend wird der Plattenabstand auf $d_1 = 3 \cdot d_0$ verdreifacht.

a) Berechnen Sie eine Beziehung zwischen der Kapazität C_1 nach dem Aus-einanderziehen der Platten und der Kapazität C_0 vorher.

b) Berechnen Sie in gleicher Weise die Spannung U_1, die Feldstärke E_1 und den Energieinhalt W_1 des elektrischen Feldes in Abhängigkeit von U_0, E_0 und W_0.

c) An einem Kondensator mit der Plattenfläche $A_0 = 0{,}38\ \text{m}^2$ und dem Plattenabstand $d_0 = 2{,}0$ cm liegt die Spannung 2,0 kV. Nach dem Abtrennen der Spannungsquelle wird der Plattenabstand auf $d_1 = 3 \cdot d_0 = 6{,}0$ cm erhöht.
   Welche Arbeit ist dabei aufzuwenden?

Aufgabe 1.6 Die quadratischen Platten eines Plattenkondensators haben die Seitenlänge 20 cm und den gegenseitigen Abstand 3,0 cm. Der Kondensator wird an eine Gleichspannungsquelle mit 1,4 kV gelegt und dann wieder von ihr abgetrennt.

a) Berechnen Sie die elektrische Feldstärke und den Energieinhalt des luftgefüllten Kondensators.

b) Nun wird der Raum zwischen den Platten durch eine Glasplatte mit der Dielektrizitätszahl $\varepsilon_r = 7{,}0$ vollständig ausgefüllt.
   Berechnen Sie die neuen Werte der Feldstärke und des Energieinhalts.

Geladene Teilchen in elektrischen Feldern

Die Elementarladung

Ein negativ geladener Körper hat einen Überschuss, ein positiv geladener Körper einen Mangel an Elektronen. Die Ladung eines einzelnen Elektrons wurde erstmals 1909 von dem amerikanischen Physiker ROBERT MILLIKAN gemessen.

Beim MILLIKAN-Versuch werden in einen Kondensator, dessen Platten horizontal angeordnet sind, mit einem Zerstäuber winzige Öltröpfchen eingesprüht. Beim Zerstäuben erhalten sie durch Reibung eine kleine Ladung. Durch ein Mikroskop kann man beobachten, wie sie sich unter dem Einfluss der Gravitationskraft nach unten bewegen. Nun kann eine Spannung zwischen den Platten angelegt und so eingestellt werden, dass eines der Tröpfchen im Kondensator schwebt. Dann hält die Kraft F des elektrischen Feldes der Gewichtskraft F_g des Tröpfchens das Gleichgewicht.

Bei der gezeichneten Polung des Kondensators ist dies nur für ein positiv geladenes Tröpfchen möglich.

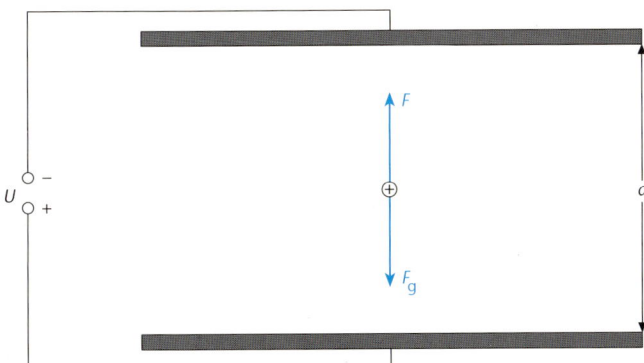

Aus der Gleichgewichtsbedingung kann man die Ladung q des Öltröpfchens bestimmen:

$$F = F_g$$
$$qE = mg$$
$$q\frac{U}{d} = mg \quad \Rightarrow \quad q = \frac{mgd}{U}$$

Die Masse m des kugelförmigen Öltröpfchens ergibt sich aus der Dichte ϱ des Öls und dem mit dem Mikroskop gemessenen Tröpfchenradius r:

$$m = V \cdot \varrho = \frac{4}{3}\pi r^3 \cdot \varrho \quad \Rightarrow \quad q = \frac{4\pi r^3 \cdot \varrho g d}{3U}$$

Messungen von verschiedenen Tröpfchen ergeben, dass ihre elektrische Ladung stets ein ganzzahliges Vielfaches der Ladung $1{,}60 \cdot 10^{-19}$ C ist. Dies liegt daran, dass die Ladung eines Tröpfchens durch einen Mangel oder durch einen Überschuss an Elektronen verursacht wird und dass die Ladung eines Elektrons $1{,}60 \cdot 10^{-19}$ C beträgt.

> Die Ladung $e = 1{,}60 \cdot 10^{-19}$ C wird als **Elementarladung** bezeichnet. Alle in der Natur vorkommenden Ladungen sind ganzzahlige Vielfache der Elementarladung.
>
> Das Elektron ist der Träger der negativen Elementarladung. Das Proton ist der Träger der positiven Elementarladung.

→ **Aufgabe 2.1**

In der Atomphysik treten mehrere physikalische Größen auf, die nur als ganzzahlige Vielfache eines Elementarquantums vorkommen. Sie werden als „gequantelte" Größen bezeichnet. Die Ladung ist gequantelt.

2.2 Bewegung von Elektronen im elektrischen Längsfeld

Die Bewegung von Elektronen im elektrischen Feld lässt sich nur in einer Vakuumröhre untersuchen, wo die Elektronen nicht ständig auf Luftmoleküle stoßen. Die mit dem Pluspol einer Spannungsquelle verbundene Elektrode der Röhre heißt **Anode**, die mit dem Minuspol verbundene Elektrode heißt **Kathode**.

Zuerst muss man die Elektronen mal aus der Kathode herauslösen. Leitungselektronen sind zwar im Innern des Metalls frei beweglich, doch aus der Oberfläche können sie nur unter Energieaufwand herausgelöst werden. Daher bringt man das Metall zum Glühen. Der Austritt von Elektronen aus der Glühkathode wird als Glühemission bezeichnet.

Legt man zwischen die Glühkathode und die Anode einer Vakuumröhre eine elektrische Spannung, so werden die Elektronen im homogenen elektrischen Feld von der Kathode zur Anode beschleunigt. Da sich die Elektronen parallel zu den Feldlinien bewegen, spricht man von einem **elektrischen Längsfeld**.

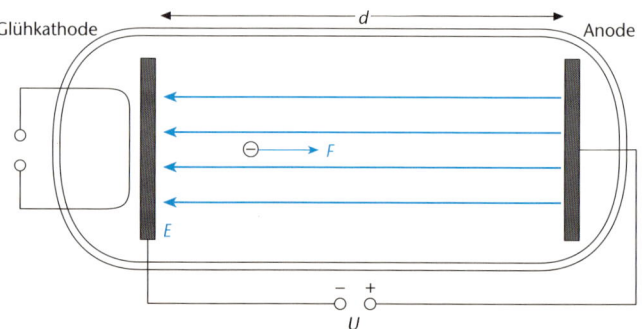

Im homogenen elektrischen Feld wirkt auf jedes Elektron die konstante Kraft:

$$F = eE$$

Dabei ist e die Elementarladung. Diese Kraft verursacht die Beschleunigung a des Elektrons. Nach dem NEWTON'schen Kraftgesetz gilt:

$$F = ma$$

Hier ist m die Masse des Elektrons.

Wegen $ma = eE$ beträgt die Beschleunigung im elektrischen Längsfeld:

$$a = \frac{e}{m} \cdot E = \frac{e}{m} \cdot \frac{U}{d}$$

Der Quotient $\frac{e}{m}$ wird als **spezifische Ladung des Elektrons** bezeichnet. Sie beträgt $\frac{e}{m} = 1{,}76 \cdot 10^{11} \, \text{C kg}^{-1}$.

Wir werden später sehen, wie $\frac{e}{m}$ experimentell bestimmt werden kann.

Übrigens ist die Gewichtskraft des Elektrons im Vergleich zur Kraft des elektrischen Feldes so gering, dass sie das Elektron nicht merklich nach unten ablenken kann.

Ein Elektron durchläuft von der Kathode zur Anode den Weg d und gewinnt dabei die Energie:

$$W = F \cdot d = eE \cdot d = e\frac{U}{d} \cdot d = eU$$

Beim Durchlaufen der Spannung U gewinnt ein Elektron aus dem elektrischen Feld die Energie:

$$W = e \cdot U$$

Durchläuft ein Elektron die Spannung 1 V, so wird ihm dabei die Energie $W = 1{,}60 \cdot 10^{-19} \, \text{C} \cdot 1 \, \text{V} = 1{,}60 \cdot 10^{-19} \, \text{J}$ zugeführt. Dieser kleine Energiebetrag ist eine praktische Energieeinheit in der Atomphysik. Man definiert:

Ein **Elektronvolt** (1 eV) ist diejenige Energie, die ein Elektron beim Durchlaufen der Spannung 1 V gewinnt.

$1 \, \text{eV} = 1{,}60 \cdot 10^{-19} \, \text{J}$

Die aus dem elektrischen Feld aufgenommene Energie W wird in kinetische Energie E_k umgewandelt:

$$E_k = W$$

$$\frac{1}{2}\,mv^2 = eU \quad \Rightarrow \quad v = \sqrt{2 \cdot \frac{e}{m} \cdot U}$$

> Die Geschwindigkeit eines Elektrons nach Durchlaufen der Spannung U ist:
>
> $$v = \sqrt{2 \cdot \frac{e}{m} \cdot U}$$

Was aber, wenn das Elektron nicht aus der Ruhe heraus beschleunigt wird, sondern mit der Anfangsgeschwindigkeit v_0 durch eine kleine Öffnung in das homogene elektrische Feld eines Platenkondensators eintritt?

Sagen Sie nicht: „Was solls? Ich addiere zum Wert $\sqrt{2\frac{e}{m}U}$ ganz einfach die Anfangsgeschwindigkeit v_0 hinzu." Die korrekte Formel ist nämlich aus dem Energieerhaltungssatz herzuleiten:

Beim Eintritt in den Kondensator hat das Elektron die kinetische Energie $E_{k0} = \frac{1}{2}\,mv_0^2$. Wenn es von der negativen zur positiven Platte entgegen der Feldrichtung beschleunigt wird, gewinnt es aus dem Feld die Energie $W = eU$ und hat beim Auftreffen auf die positive Platte die kinetische Energie $E_k = \frac{1}{2}\,mv^2$:

$$E_{k0} + W = E_k$$

$$\frac{1}{2}\,mv_0^2 + eU = \frac{1}{2}\,mv^2$$

$$v_0^2 + 2\frac{e}{m}U = v^2$$

Das Elektron trifft also mit der Geschwindigkeit $v = \sqrt{v_0^2 + 2 \cdot \frac{e}{m} \cdot U}$ auf die positive Platte.

Bewegt es sich aber von der positiven zur negativen Platte, so wird es durch das elektrische Feld abgebremst. Es gibt beim Durchlaufen der Spannung U an das Feld die Energie $W = eU$ ab.

→ **Aufgabe 2.2**

Also gilt $E_{k0} - W = E_k$ und es folgt $v = \sqrt{v_0^2 - 2 \cdot \frac{e}{m} \cdot U}$.

Bewegung von Elektronen im elektrischen Querfeld

Was aber passiert, wenn die Elektronen nicht parallel, sondern senkrecht zu den Feldlinien in ein homogenes elektrisches Feld eintreten?

Dies lässt sich in einer Elektronenstrahlröhre untersuchen, die einen Ablenkkondensator enthält.

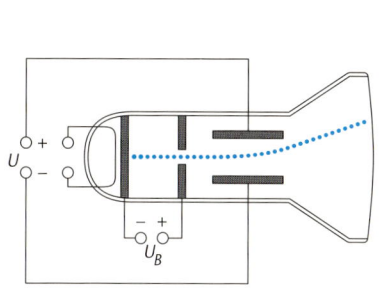
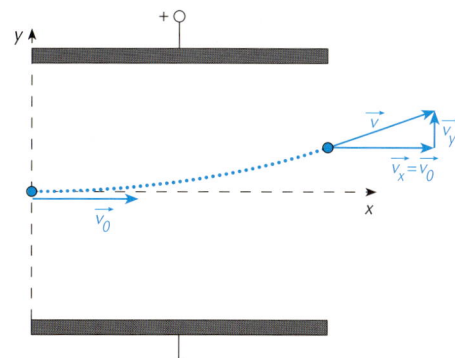

Von der Glühkathode werden Elektronen emittiert, die durch die Spannung U_B bis zur Anode auf die Geschwindigkeit $v_0 = \sqrt{2 \dfrac{e}{m} U_B}$ beschleunigt werden.

Nachdem sie die durchbohrte Anode durchquert haben, treten sie mit dieser Geschwindigkeit senkrecht in das Feld des Kondensators ein, an dem die Ablenkspannung U liegt.

Die Bahn der Elektronen im Ablenkkondensator lässt sich sichtbar machen auf einem Leuchtschirm, an dem der Elektronenstrahl entlangstreift. Man sieht, dass die Elektronen zur positiven Platte hin abgelenkt werden. Wir wollen die genaue Bahnkurve berechnen:

Auf ein Elektron wirkt im Ablenkkondensator die Kraft F des elektrischen Feldes:

$$F = e \cdot E = e \cdot \frac{U}{d}$$

Da die Kraft in y-Richtung wirkt, wird das Elektron auch in diese Richtung beschleunigt. Die Beschleunigung beträgt

$$a = \frac{F}{m} = \frac{e}{m} \cdot \frac{U}{d}$$

Die Bewegung des Elektrons im Ablenkkondensator setzt sich aus zwei voneinander unabhängigen Bewegungen zusammen:

- einer Bewegung in x-Richtung mit konstanter Geschwindigkeit v_0 und
- einer Bewegung in y-Richtung mit konstanter Beschleunigung.

$$a = \frac{e}{m} \cdot \frac{U}{d}$$

Von der Mechanik her wissen wir, dass Gleichungen, die den Ort und die Geschwindigkeit eines Körpers in Abhängigkeit von der Zeit t angeben, Bewegungsgleichungen genannt werden.

Die Bewegungsgleichungen des Elektrons im Ablenkkondensator lauten

in x Richtung: $x = v_0 t$ $v_x = v_0$

in y Richtung: $y = \dfrac{1}{2} a t^2$ $v_y = at$

Die Gleichung der Elektronenbahn ergibt sich, wenn man y in Abhängigkeit von x darstellt. Aus den Gleichungen $x = v_0 t$ und $y = \dfrac{1}{2} a t^2$ muss also die Zeit t eliminiert werden:

$$x = v_0 t \quad \Rightarrow \quad t = \frac{x}{v_0} \qquad \text{Einsetzen in } y: \quad y = \frac{1}{2} a \left(\frac{x}{v_0} \right)^2$$

Die Gleichung der Elektronenbahn im Ablenkkondensator lautet:

$$y = \frac{a}{2 v_0^2} \cdot x^2 \quad \text{Es ist eine Parabelbahn.}$$

Kommen Ihnen diese Gleichungen nicht aus der Mechanik irgendwie bekannt vor?

Ja, denn wenn man für die Beschleunigung a die Fallbeschleunigung g einsetzt, so hat man genau die Bewegungsgleichungen des waagrechten Wurfs und die Gleichung der Wurfparabel. Die Bewegung des Elektrons im elektrischen Querfeld entspricht völlig dem waagrechten Wurf im Gravitationsfeld, ebenso wie die Bewegung des Elektrons im elektrischen Längsfeld dem senkrechten Wurf entspricht.

→ **Aufgaben 2.3; 2.4**

2.4 Übungsaufgaben zu Kapitel 2

Aufgabe 2.1

In einem MILLIKAN-Kondensator, dessen Platten 5,0 mm Abstand haben, wird ein Öltröpfchen mit dem Radius 1,2 μm beobachtet. Es schwebt, wenn die Spannung 526 V eingestellt wird.

Das Öl hat die Dichte 0,95 g cm^{-3}.

a) Wie viele Elementarladungen trägt das Öltröpfchen?

b) Schaltet man die Spannung ab, so beobachtet man, dass die Fallbewegung von einer beschleunigten in eine gleichförmige Bewegung übergeht. Erklären Sie diesen Vorgang.

Aufgabe 2.2

Elektronen gelangen mit der Geschwindigkeit $1{,}8 \cdot 10^7$ m s^{-1} in das homogene elektrische Längsfeld eines Kondensators, in dem sie abgebremst werden. Die Masse eines Elektrons beträgt $9{,}1 \cdot 10^{-31}$ kg.

a) Wie sind Bewegungsrichtung und Feldrichtung zueinander orientiert?

b) Die Elektronen kehren nach einer 12 cm langen Flugstrecke im Feld ihre Bewegungsrichtung um. Berechnen Sie die elektrische Feldstärke im Kondensator.

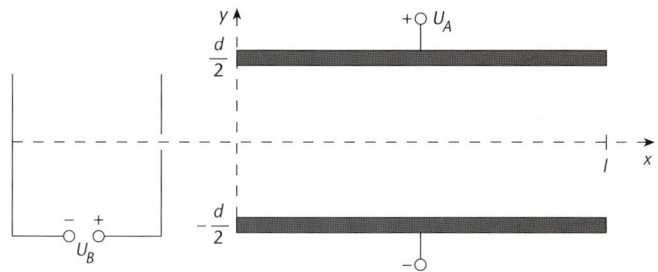

Elektronen durchlaufen die Beschleunigungsspannung $U_B = 200\,V$ und treten senkrecht zu dessen elektrischem Feld in die Mitte zwischen zwei parallele Platten eines Ablenkkondensators ein. Diese Platten haben die Länge $l = 5,0\,cm$ und den Abstand $d = 2,0\,cm$. Zwischen diesen Platten liegt die Ablenkspannung $U_A = 500\,V$.

a) Mit welcher Geschwindigkeit treten die Elektronen in den Ablenkkondensator ein?

b) Welche elektrische Feldstärke herrscht im Ablenkkondensator?

c) Berechnen Sie die Gleichung der Bahnkurve, auf der sich die Elektronen im Ablenkkondensator bewegen. Verwenden Sie das vorgegebene Koordinatensystem.

d) Berechnen Sie die Koordinaten des Punktes, in dem die Elektronen auf die positiv geladene Kondensatorplatte auftreffen.

e) Welche Zeit vergeht vom Eintritt eines Elektrons in das Feld des Ablenkkondensators bis zum Auftreffen auf die Kondensatorplatte?

f) Mit welcher Geschwindigkeit treffen die Elektronen auf die Kondensatorplatte?

g) Unter welchem Winkel treffen die Elektronen auf die Kondensatorplatte?

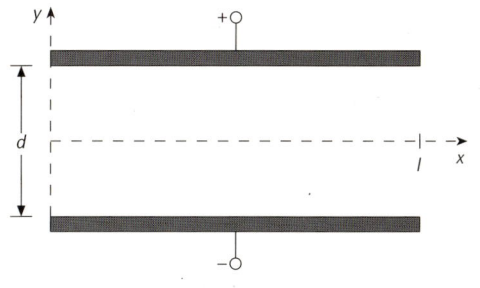

Elektronen werden durch die Spannung U_B beschleunigt und treten anschließend von links in das elektrische Feld eines Plattenkondensators ein. Er hat die Plattenlänge l und den Plattenabstand d. Die am Kondensator anliegende Spannung ist U_A.

a) Berechnen Sie unter Verwendung der Größen l, d, U_A und U_B die allgemeine Gleichung der Bahnkurve der Elektronen im Feld des Plattenkondensators.

b) Berechnen Sie unter Verwendung der Größen l, d und U_B diejenige Ablenkspannung U_{Am}, ab der die Elektronen den Kondensator nicht mehr verlassen können, weil sie auf die positive Kondensatorplatte treffen.

3. Ströme und magnetische Felder

3.1 Der Gleichstrom

Wenn zwischen den Enden eines Metalldrahts eine Spannung besteht, werden in ihm Elektronen in Bewegung versetzt. Etwa so wie Wasser durch ein Rohr fließt, strömen Ladungen durch den Draht. Die Stärke der Wasserströmung wird bestimmt durch die Wassermenge, die pro Sekunde durch den Rohrquerschnitt hindurchfließt. Analog definieren wir die Stromstärke in einem elektrischen Leiter:

> Bewegte geladene Teilchen bilden einen **elektrischen Strom**.
>
> Die **Stromstärke** I ist der Quotient aus der Ladung Q und der Zeit t, in der diese Ladungsmenge durch den Leiterquerschnitt fließt:
>
> $$I = \frac{Q}{t}$$

Die Einheit der Stromstärke ist 1 Ampere.

$$[I] = 1\,\text{A} = 1\,\frac{\text{C}}{\text{s}}$$

Da ein Elektron die Ladung $e = 1{,}60 \cdot 10^{-19}\,\text{C}$ besitzt, lässt sich die zur Ladungsmenge $Q = 1\,\text{C}$ gehörende Elektronenanzahl N bestimmen:

$$N = \frac{Q}{e} = \frac{1\,\text{C}}{1{,}60 \cdot 10^{-19}\,\text{C}} = 6{,}25 \cdot 10^{18}$$

Nun können wir uns den elektrischen Strom anschaulich vorstellen: Bei einer Stromstärke von 1 Ampere fließen $6{,}25 \cdot 10^{18}$ Elektronen pro Sekunde durch den Leiterquerschnitt.

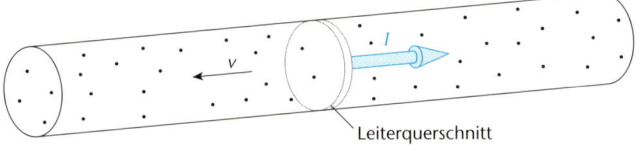

Leiterquerschnitt

Leider hat man im 19. Jahrhundert die Richtung des elektrischen Stroms etwas unglücklich definiert:
Die Stromrichtung ist die Richtung, in die die positiven Ladungsträger bewegt werden.

Man wusste damals nicht, dass (im Gegensatz zu Gasen und Flüssigkeiten) in Metallen sich nur die negativen Elektronen, nicht aber die positiven

Ladungsträger bewegen. Die Stromrichtung ist also der Richtung der *Elektronenbewegung* entgegengerichtet. Wir merken uns:

> Die Stromrichtung ist die Richtung, in die positive Ladungsträger getrieben werden.

Jede beliebig verzweigte leitende Verbindung zwischen den beiden Polen einer Spannungsquelle wird als **elektrischer Stromkreis** bezeichnet. In ihm fließt der Strom vom Pluspol zum Minuspol der Spannungsquelle.
Ein einfacher Stromkreis besteht aus einem langen Drahtstück, Verbraucher genannt, dessen Enden mit einer Spannungsquelle verbunden sind.

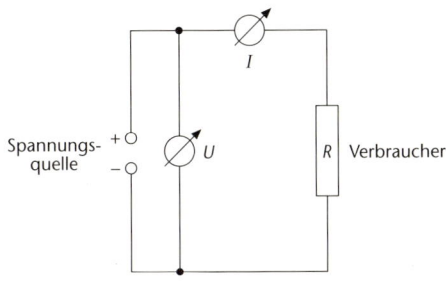

Es gilt das OHM'sche Gesetz:

> Die Stromstärke I in einem Leiter ist proportional zur angelegten Spannung U:
>
> $$I = \frac{U}{R}$$
>
> Also gilt: $U = R \cdot I$
>
> Die material- und temperaturabhängige Größe $R = \frac{U}{I}$ heißt **ohmscher Widerstand** des Leiters.

Die Einheit des Widerstands ist 1 Ohm.

$$[R] = 1\ \Omega = 1\ \frac{V}{A}$$

Vergleicht man den Strom in einem elektrischen Stromkreis mit dem Wasserdurchfluss durch ein ringförmig geschlossenes Rohr, so muss man sich die Spannungsquelle als eine Pumpe vorstellen, die den Wasserkreislauf aufrechterhält. Der Widerstand lässt sich dann mit Hindernissen im Rohr vergleichen, die den Wasserdurchfluss verringern.

Ebenso wie eine Pumpe muss auch die Spannungsquelle Arbeit verrichten, wenn ein elektrischer Gleichstrom mit konstanter Stromstärke aufrechterhalten werden soll.

Aus Kapitel 1.4 wissen wir, dass an einer Ladung Q, die die Spannung U durchläuft, die Arbeit $W = Q \cdot U$ verrichtet wird. Wegen $Q = I \cdot t$ gilt somit:

> Die Gleichspannungsquelle mit der Spannung U, welche während der Zeit t die Stromstärke I liefert, verrichtet die **elektrische Arbeit**:
>
> $$W = U \cdot I \cdot t$$
>
> Sie steht dem Verbraucher als **elektrische Energie** zur Verfügung.
>
> Die **Leistung** P dieser Spannungsquelle beträgt:
>
> $$P = \frac{W}{t} = U \cdot I$$

3.2 Magnetfeld und magnetische Kraftflussdichte

Sicher haben Sie als Kind darüber gestaunt, dass sich eine Magnetnadel von einem Magneten bewegen lässt, ohne dass die beiden sich berühren. Später haben Sie wohl in der Schule gehört, dass ein Magnet aus lauter gleich gerichteten Elementarmagneten besteht, die einander in ihrer Kraftwirkung verstärken.

Auch in der Nähe von stromdurchflossenen Leitern sind solche magnetischen Kräfte zu bemerken: Steckt man einen stromführenden Draht durch ein waagrechtes Papierbatt und bestreut es mit Eisenfeilspänen, so werden diese zu kleinen Magnetnadeln und ordnen sich zu Kreisen rings um den Draht. Die durch die Späne veranschaulichten Linien werden als die „Feldlinien eines Magnetfelds" bezeichnet.

> Die **Richtung des Magnetfelds** ist die Richtung, in der sich der Nordpol einer frei beweglich aufgestellten Magnetnadel einstellt.

Der Nordpol einer Magnetnadel ist der Pol, der im *Erdmagnetfeld* nach Norden ausgerichtet wird.

Bei einem geradlinigen stromdurchflossenen Leiter findet man die Richtung des Magnetfelds mit der „Rechte-*Faust*-Regel":

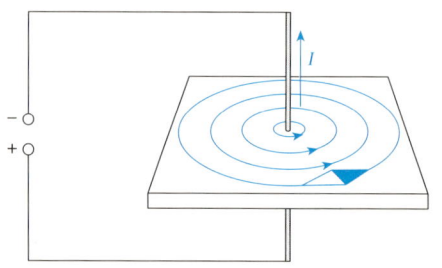

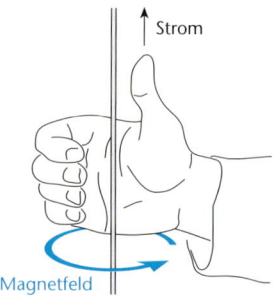

Hält man den Daumen in Stromrichtung, so sind die ringförmigen Feldlinien in Richtung der übrigen Finger orientiert.

Auch das Magnetfeld eines Elementarmagneten wird letzlich hervorgerufen von bewegten Ladungen, von Elektronen nämlich, die Atomkerne umkreisen.

Zur Erinnerung: Ein *elektrisches Feld* wird durch eine Ladung erzeugt und es macht sich bemerkbar durch seine Kraftwirkung auf eine Probeladung. Analog ist es beim Magnetfeld:

> Ein Magnetfeld wird durch bewegte Ladungen, also durch einen Strom, erzeugt und es macht sich bemerkbar durch seine Kraftwirkung auf bewegte Probeladungen, also auf einen Probestrom.

Eine physikalische Größe, die die Stärke des Magnetfelds kennzeichnet, lässt sich durch einen Versuch mit der Stromwaage einführen:

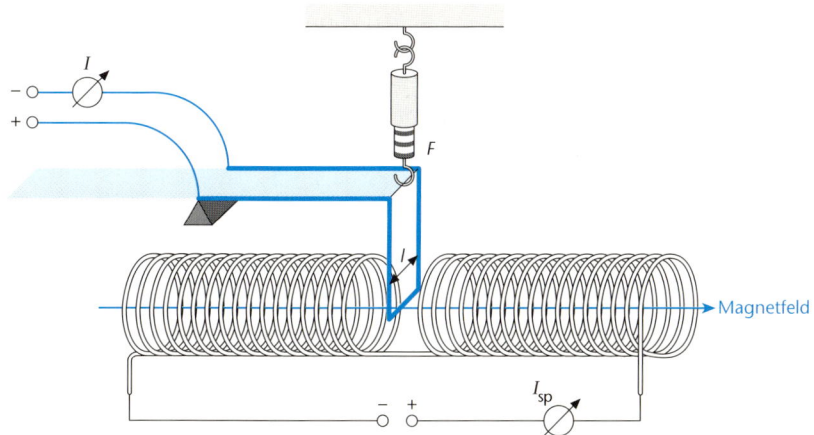

Der Strom I_{sp} erzeugt im Innern der gezeichneten Spule ein nach rechts gerichtetes homogenes Magnetfeld. Dies wird in Kapitel 3.3 noch näher erläutert werden.

Im Magnetfeld befindet sich ein geradliniges Leiterstück der Länge l. Wird dieser Leiter vom Probestrom I durchflossen, so wirkt auf ihn eine Kraft F. Diese Kraft ist maximal, wenn der stromdurchflossene Leiter senkrecht zu den Feldlinien gerichtet ist. Die Kraftrichtung ergibt sich aus der „Rechte-Hand-Regel":

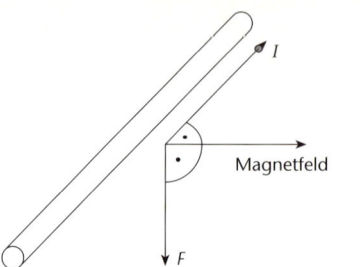

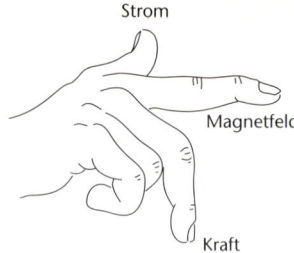

Hält man den Daumen in Stromrichtung und den Zeigefinger in Richtung des Magnetfelds, so ist die Kraftrichtung senkrecht zu beiden in Richtung des Mittelfingers.

Der Betrag der Kraft F ist proportional zur Länge l und zur Stromstärke I des Probeleiters. Die Größe $\frac{F}{l \cdot I}$ ist also von den Eigenschaften des Probeleiters unabhängig und sie ist daher ein geeignetes Maß für die Stärke des Magnetfelds. Aus historischen Gründen wird sie allerdings leider nicht als „magnetische Feldstärke", sondern als „magnetische Flussdichte" bezeichnet.

> Die **magnetische Flussdichte** $\vec{B}$ ist ein Vektor in Richtung der Feldlinien, der die Stärke des Magnetfelds kennzeichnet. Er hat den Betrag
>
> $$B = \frac{F}{l \cdot I}$$
>
> Dabei ist F die Kraft auf einen Probeleiter der Länge l, der vom Strom I durchflossen wird und senkrecht zu den Feldlinien steht.

Die Einheit der magnetischen Flussdichte ist 1 Tesla.

$$[B] = 1\,\text{T} = 1\,\frac{\text{N}}{\text{A m}}$$

Zwar haben wir den Begriff „Magnetfeld" bisher schon benutzt, exakt lässt er sich aber erst jetzt definieren:

> Das **magnetische Feld** ist die Gesamtheit der Vektoren der magnetischen Flussdichte $\vec{B}$ in der Umgebung eines felderzeugenden Stroms.

Ist die Flussdichte bekannt, so lässt sich die **Kraft des Magnetfelds** auf einen stromdurchflossenen Leiter berechnen:

> Auf einen vom Strom I durchflossenen Leiter der Länge l, der senkrecht zu den Feldlinien in einem Magnetfeld der Flussdichte B verläuft, wirkt die Kraft:
>
> $$F = l \cdot I \cdot B$$

Wenn der Leiter nicht senkrecht zu den Feldlinien verläuft, sondern mit ihnen den Winkel α einschließt, so ist für die Kraft nur die zum Leiter senkrechte Komponente $B_s = B \cdot \sin\alpha$ der Flussdichte B wirksam:

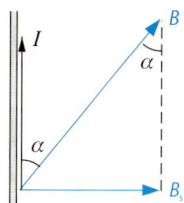

Es gilt dann: $F = l \cdot I \cdot B \cdot \sin\alpha$

➔ **Aufgabe 3.1**

Homogenes Magnetfeld einer Spule   3.3

Ein langer Draht, der mit vielen Windungen auf einen Zylinder gewickelt wird, stellt eine **Spule** dar.
Die vielen ringförmigen Magnetfelder, die jede einzelne stromdurchflossene Drahtwindung umgeben, überlagern sich im Innern der Spule zu einem Magnetfeld, das in Richtung der Spulenachse zeigt.

> Das Magnetfeld im Innern einer stromdurchflossenen Spule ist homogen.
>
> Die magnetische Flussdichte B im Innern einer vom Strom I durchflossenen Spule der Länge l und der Windungszahl N beträgt:
>
> $$B = \mu_0 \cdot \frac{N}{l} \cdot I$$

> Die Größe $\dfrac{N}{l}$ wird als **Windungsdichte** der Spule bezeichnet.
>
> Die Proportionalitätskonstante μ_0 heißt **magnetische Feldkonstante**:
>
> $\mu_0 = 4\pi \cdot 10^{-7}\ \text{V s A}^{-1}\text{m}^{-1}$

Die Richtung des Magnetfelds findet man mit der Rechte-Faust-Regel:

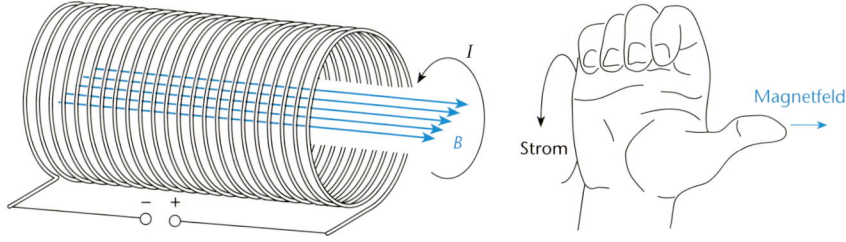

Hält man die übrigen Finger der rechten Hand in Richtung des ringförmigen Stroms, so zeigt der Daumen in Richtung des Magnetfelds im Spuleninnern.

Ein homogenes Magnetfeld wird durch geradlinige parallele Feldlinien in gleichmäßigem Abstand veranschaulicht. Wenn das Feld senkrecht zur Bildebene gerichtet ist, würde man eine Linie aber nur als einen Punkt sehen. Zur Kennzeichnung der Richtung wird die Feldrichtung nach vorn (auf den Betrachter zu) durch einen Punkt, die Feldrichtung nach hinten (vom Betrachter weg) durch ein Kreuz bezeichnet.

Der Grund für diese Symbolik ist etwas makaber: Von einem Pfeil, der auf mein Auge zufliegt, sehe ich die punktförmige Spitze (statt so genau hinzuschauen sollte ich mich allerdings lieber blitzschnell bücken). Ein Pfeil hingegen, der von meinem Auge wegfliegt, zeigt mir die gekreuzten Federn seines Endes (nun sollte sich mein Gegenüber mal ein bisschen bücken).

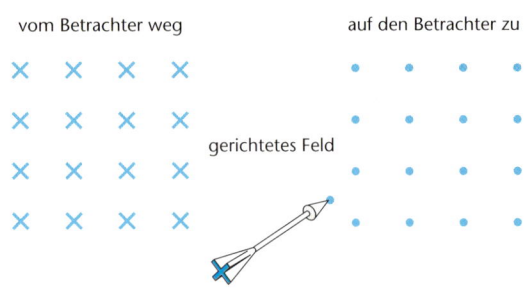

vom Betrachter weg   auf den Betrachter zu

gerichtetes Feld

→ **Aufgaben
3.2 – 3.5**

3.4 Übungsaufgaben zu Kapitel 3

Aufgabe 3.1   Von dem skizzierten Drahtbügel tauchen ein horizontaler Teil der Länge l = 6,0 cm und zwei vertikale Teile der Länge d = 4,0 cm in ein begrenztes homogenes Magnetfeld der Flussdichte B = 0,25 T ein. Der Drahtbügel wird von dem Strom I = 3,6 A durchflossen.

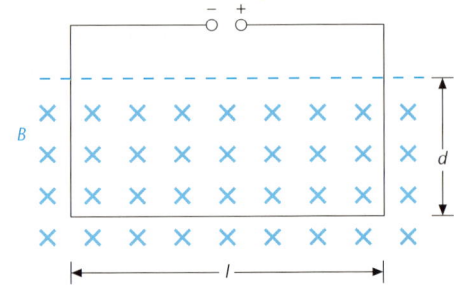

Welche Kräfte wirken auf den horizontalen Teil und die beiden vertikalen Teile des Drahtbügels? Welche Richtung und welchen Betrag hat die Kraft des Magnetfelds auf den gesamten Drahtbügel?

Aufgabe 3.2   Eine 60 cm lange Spule mit 2000 Windungen wird von einem Strom der Stromstärke 1,5 A durchflossen.

a) Welche magnetische Flussdichte herrscht im Innern der Spule?

b) Im Innern der Spule befindet sich ein Drahtstück der Länge 2,5 cm, das von einem Strom der Stromstärke 8,0 A durchflossen wird.
Berechnen Sie den Betrag der Kraft, die auf dieses Drahtstück wirkt, wenn es senkrecht zur Spulenachse (Fall I auf der nächsten Seite) bzw. parallel zur Spulenachse (Fall II) gerichtet ist.

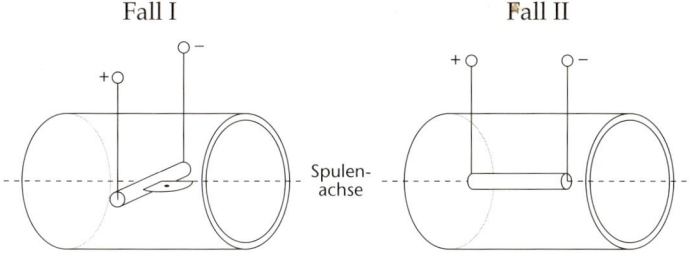

Fall I   Fall II

Spulen-achse

Aufgabe 3.3

Eine 30 cm lange Spule mit 500 Windungen wird in Nord-Süd-Richtung aufgestellt. Fließt durch die Spule ein Strom der Stromstärke 10 mA, so wird in ihrem Innern ein Magnetfeld erzeugt, dessen Flussdichte so groß ist wie die Horizontalkomponente B_H der Flussdichte des magnetischen Erdfelds. Das Erdfeld bildet mit der Horizontalen am Ort der Messung den Winkel 67°. Berechnen Sie B_H und den Betrag der magnetischen Flussdichte B des Erdfelds.

Aufgabe 3.4

Eine Feldspule mit der Windungsdichte $\frac{N}{l} = 2{,}0 \cdot 10^4 \text{ m}^{-1}$ hat den Widerstand $1{,}8\,\text{k}\Omega$. Sie ist an die Gleichspannung $U = 200\,\text{V}$ angeschlossen. In den schmalen Schlitz in der Mitte dieser Feldspule taucht eine kleine, vom Strom I durchflossene Spule mit ihrer unteren Hälfte ein. Die kleine Spule hat 50 Windungen und quadratischen Querschnitt (Seitenlänge $b = 5{,}0$ cm). Sie hängt an einem Kraftmesser.

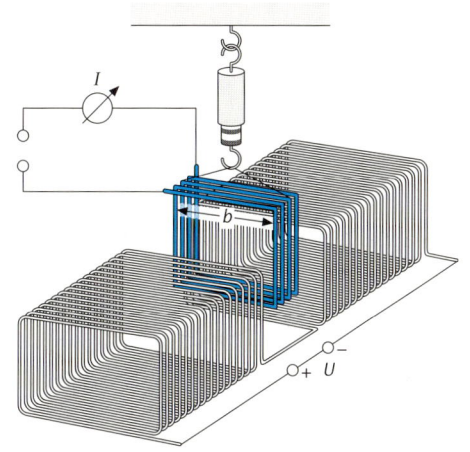

Berechnen Sie die Stromstärke I in der kleinen Spule, bei der der Kraftmesser zusätzlich zur Gewichtskraft der kleinen Spule noch die Kraft $F = 24$ mN anzeigt.

Aufgabe 3.5

Mit einer Stromwaage soll die magnetische Feldkonstante μ_0 bestimmt werden. In der Feldspule (Länge 65 cm; Windungszahl 2000) fließt der Strom $I_F = 8{,}2\,\text{A}$. Der Drahtbügel der Stromwaage hat die Länge $l = 3{,}5$ cm. Fließt im Drahtbügel der Strom $I = 2{,}5\,\text{A}$, so wird er mit der Kraft $F = 2{,}8$ mN nach unten gezogen. Berechnen Sie μ_0 aus diesen Werten.

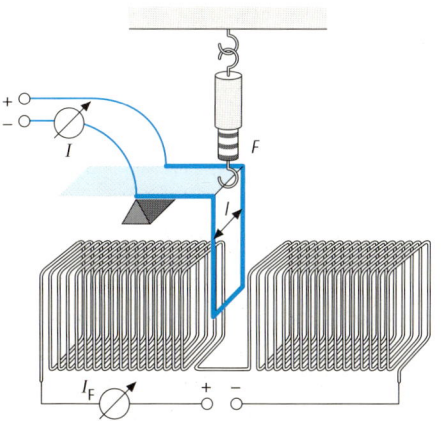

4. Geladene Teilchen im Magnetfeld

4.1 Die LORENTZ-Kraft

Auf einen stromdurchflossenen Leiter wirkt im Magnetfeld eine Kraft. Da der Strom nichts anderes ist als die Bewegung geladener Teilchen, wirkt die Kraft des Magnetfelds sicher direkt auf das einzelne Teilchen.

Wir wollen die Kraft berechnen, die auf ein Teilchen mit der Ladung q wirkt, das sich mit der Geschwindigkeit v im Magnetfeld der Flussdichte B senkrecht zu den Feldlinien bewegt.

Dazu stellen wir uns ein kleines Teilstück eines Leiters mit der Querschnittsfläche A vor:

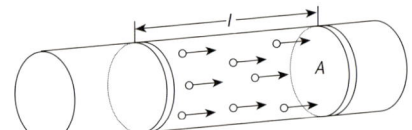

Es hat die Länge l. In dem Volumen $l \cdot A$ befinden sich N Teilchen. Jedes von ihnen trägt die Ladung q und hat die gleiche Geschwindigkeit v.

Somit fließen während der Zeit $t = \dfrac{l}{v}$ sämtliche N Teilchen und damit die Ladung $Q = N \cdot q$ durch die Querschnittsfläche hindurch. Dort wird also die Stromstärke

$$I = \frac{Q}{t} = \frac{N \cdot q}{t} = \frac{N \cdot q}{\dfrac{l}{v}} = \frac{N \cdot q \cdot v}{l}$$

gemessen. Die Kraft des Magnetfelds auf dieses Leiterteilstück beträgt somit:

$$F_{\text{Leiter}} = l \cdot I \cdot B = l \cdot \frac{N \cdot q \cdot v}{l} \cdot B = N \cdot q \cdot v \cdot B$$

Die Kraft auf ein einzelnes der N Teilchen beträgt also: $F = \dfrac{F_{\text{Leiter}}}{N} = q \cdot v \cdot B$

Diese Kraft wird nach dem niederländischen Physiker HENDRIK ANTOON LORENTZ als LORENTZ-Kraft bezeichnet.

> Bewegt sich ein Teilchen, das die Ladung q besitzt, mit der Geschwindigkeit v senkrecht zu den Feldlinien eines Magnetfelds mit der Flussdichte B, so wirkt die **LORENTZ-Kraft** auf dieses Teilchen.
>
> Der Betrag der **LORENTZ-Kraft** ist $F = q \cdot v \cdot B$.

Die LORENTZ-Kraft wirkt senkrecht zur Bewegungsrichtung des Teilchens und senkrecht zum Magnetfeld. Für positive Teilchen ergibt sich die Richtung der LORENTZ-Kraft aus der Rechte-Hand-Regel:

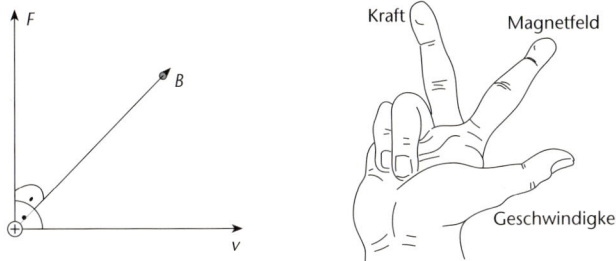

Die Rechte-Hand-Regel kann man sich als **U-V-W-Regel** merken:

Der Daumen zeigt in Richtung der **U**rsache der Kraft, also in der Richtung, in der sich positive Ladungen bewegen. Das ist die Stromrichtung. Der Zeigefinger weist in Richtung der **V**ermittlung zwischen dieser Ursache und der Kraftwirkung, also in Richtung des Magnetfelds. Der Mittelfinger gibt die Richtung der **W**irkung, also der Kraft, an.

Für negative Teilchen ergibt sich die Richtung der LORENTZ-Kraft aus der Linke-Hand-Regel:

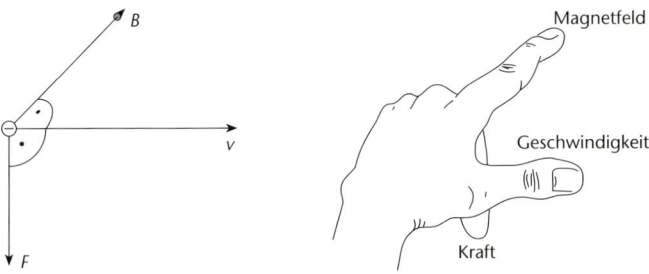

Wenn sich das geladene Teilchen nicht senkrecht zum Magnetfeld bewegt, sondern Bewegungsrichtung und Magnetfeld den Winkel α einschließen, so ist für die LORENTZ-Kraft nur die zur Bewegungsrichtung senkrechte Komponente der Flussdichte $B_\mathrm{s} = B \cdot \sin \alpha$ wirksam.

➜ **Aufgabe 4.1**

Es gilt dann: $F = q \cdot v \cdot B \cdot \sin \alpha$

Geladene Teilchen im homogenen Magnetfeld $\quad$ *4.2*

Da die LORENTZ-Kraft stets senkrecht zur Bewegungsrichtung des Teilchens wirkt, verändert sich nur die Richtung der Geschwindigkeit. Der Betrag v der Teilchengeschwindigkeit wird von ihr nicht beeinflusst. In einem homogenen Magnetfeld hat die Flussdichte B überall den gleichen Wert. Deshalb ändert dort auch die LORENTZ-Kraft $F = q \cdot v \cdot B$ nie ihren Betrag.

Eine Kraft, die einen konstanten Betrag hat und stets senkrecht zur momentanen Bewegungsrichtung wirkt, ist eine Zentripetalkraft, unter deren Einfluss ein Körper sich auf einer Kreisbahn bewegt.

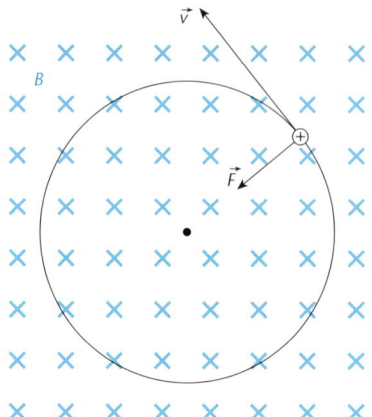

Erinnern Sie sich, dass das schon in der Mentor Abiturhilfe „Mechanik" im Kapitel 4.2 erläutert worden ist?

Wenn ein geladenes Teilchen senkrecht zu den Feldlinien in ein homogenes Magnetfeld gelangt, so bewegt es sich in ihm auf einer Kreisbahn. Die Zentripetalkraft F_z ist die LORENTZ-Kraft F:

$$F_z = F$$

$$\frac{m \cdot v^2}{r} = q \cdot v \cdot B$$

Die Kreisbahn hat also den Radius $r = \dfrac{m \cdot v}{q \cdot B}$. Dabei ist m die Masse, q die Ladung und v die Geschwindigkeit des Teilchens. B ist die Flussdichte des homogenen Magnetfelds.

Die Zeit, die das geladene Teilchen benötigt, um die Kreisbahn einmal zu durchlaufen, ist die Umlaufdauer T. Sie lässt sich aus dem Kreisumfang $2\pi r$ und der Geschwindigkeit v berechnen:

$$T = \frac{2\pi r}{v} = \frac{2\pi \cdot m \cdot v}{v \cdot q \cdot B} = \frac{2\pi \cdot m}{q \cdot B}$$

Für Teilchen mit einheitlicher Masse m und Ladung q hängt die Umlaufdauer allein von der Stärke des Magnetfelds ab, nicht aber von ihrer Geschwindigkeit.

→ **Aufgabe 4.2**

Bestimmung der spezifischen Ladung des Elektrons

Es gibt einen sehr eindrucksvollen Versuch, bei dem man gut beobachten kann, dass sich Elektronen im homogenen Magnetfeld auf einer Kreisbahn bewegen. Dieser Versuch dient dazu, eine wichtige Naturkonstante, die spezifische Ladung des Elektrons, zu bestimmen.

> Die **spezifische Ladung** $\dfrac{e}{m}$ des Elektrons ist der Quotient aus seiner Ladung e und seiner Masse m.

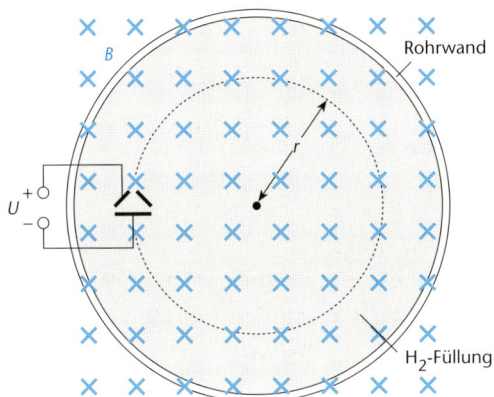

Bei dem Versuch wird ein Fadenstrahlrohr benutzt. Das ist ein Glasrohr, in dem sich Wasserstoffgas unter sehr niedrigem Druck befindet. Aus einer Glühkathode treten Elektronen aus. Nach Durchlaufen der Beschleunigungsspannung U gelangen sie mit der Geschwindigkeit v durch ein Loch in der Anode und können nun das Wasserstoffgas zum Leuchten anregen, wodurch die Elektronenbahn sichtbar wird. Wenn im Fadenstrahlrohr ein homogenes Magnetfeld senkrecht zur Bewegungsrichtung der Elektronen erzeugt wird, so gelangen die Elektronen auf eine Kreisbahn.

Die Zentripetalkraft F_z ist die LORENTZ-Kraft F: $F = F_z$

$$e \cdot v \cdot B = \frac{m \cdot v^2}{r} \quad \Rightarrow \quad \frac{e}{m} = \frac{v}{B \cdot r}$$

Die Geschwindigkeit der Elektronen nach Durchlaufen der Spannung U beträgt: $v = \sqrt{2 \cdot \dfrac{e}{m} \cdot U}$

Einsetzen in obige Gleichung ergibt:

$$\frac{e}{m} = \frac{\sqrt{2 \cdot \dfrac{e}{m} \cdot U}}{B \cdot r} \quad \Rightarrow \quad \left(\frac{e}{m}\right)^2 = \frac{2 \cdot \dfrac{e}{m} \cdot U}{B^2 \cdot r^2}$$

Nach dem Kürzen mit $\frac{e}{m}$ erhält man:

$$\frac{e}{m} = \frac{2 \cdot U}{B^2 \cdot r^2}$$

Die Beschleunigungsspannung U, die Flussdichte B und der Kreisbahnradius r sind makroskopische Größen, die sich ohne besonderen Aufwand messen lassen. – Erstaunlich, dass sich die spezifische Ladung eines einzigen winzigen Elektrons so einfach bestimmen lässt!

Es ergibt sich:

> Die spezifische Ladung eines Elektrons ist: $\quad \frac{e}{m} = 1{,}76 \cdot 10^{11} \, \text{C} \, \text{kg}^{-1}$

Die Ladung e wurde mit dem MILLIKAN-Versuch gemessen und so ist mit dem Fadenstrahlrohr-Versuch auch noch die Masse des Elektrons bestimmt worden:

$$m = \frac{e}{\dfrac{e}{m}} = \frac{1{,}60 \cdot 10^{-19} \, \text{C}}{1{,}76 \cdot 10^{11} \, \text{C} \, \text{kg}^{-1}} = 9{,}09 \cdot 10^{-31} \, \text{kg}$$

Mit präziseren Messwerten kommt man zu dem Ergebnis:

> Ein Elektron hat die Masse $m = 9{,}11 \cdot 10^{-31}$ kg.

➡ **Aufgaben**
4.3 – 4.5

4.4 Das Zyklotron

Ein **Zyklotron** ist ein Gerät, in dem Ionen auf hohe Geschwindigkeiten beschleunigt werden. Diese geladenen Teilchen dienen dann zur Untersuchung der Eigenschaften von Elektronen, Protonen, Neutronen und anderen Elementarteilchen. Da wir wissen, wie sich geladene Teilchen im Magnetfeld bewegen, können wir das Prinzip eines Zyklotrons verstehen.

Ein Zyklotron besteht aus zwei elektrisch voneinander isolierten halbkreisförmigen Metalldosen, die sich im Vakuum befinden und von einem starken homogenen Magnetfeld durchsetzt werden. Im Zentrum der Anordnung befindet sich eine Ionenquelle. Die von ihr emittierten geladenen Teilchen werden zwischen den beiden Dosenhälften beschleunigt durch ein elektrisches Feld, das mit geeigneter Frequenz ständig umgepolt wird.

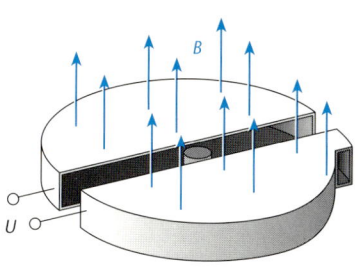

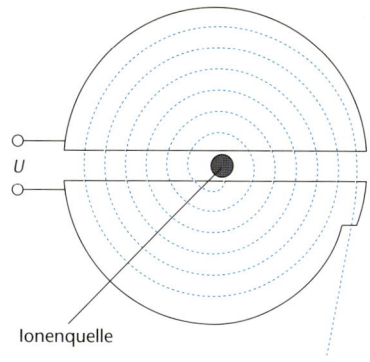

Ionenquelle

Kommt ein geladenes Teilchen mit geringer Geschwindigkeit aus der Ionenquelle in eine Dosenhälfte, wo nur das Magnetfeld herrscht, so durchläuft es
einen Halbkreis, wird anschließend vom elektrischen Feld im Spalt zwischen
den Dosenhälften beschleunigt und durchläuft danach in der anderen Dosenhälfte im Magnetfeld wieder einen Halbkreis. Wegen der erhöhten Ge-
schwindigkeit v ist nun allerdings der Bahnradius $r = \dfrac{m \cdot v}{q \cdot B}$ größer geworden.

Damit das Ion anschließend zwischen den beiden Dosenhälften wieder beschleunigt werden kann, muss das elektrische Feld inzwischen umgepolt
worden sein. Da die Umlaufdauer für eine Kreisbahn $T = \dfrac{2\pi \cdot m}{q \cdot B}$ vom Bahnradius r und der Teilchengeschwindigkeit v unabhängig ist, kann das elektrische Feld immer im passenden Takt umgepolt werden. Geschwindigkeit und
Bahnradius der Ionen wachsen an, bis sie aus dem Zyklotron austreten.

➡ **Aufgabe 4.6**

Der HALL-Effekt

4.5

Wir haben gesehen, dass die magnetische Flussdichte sich mit der Stromwaage bestimmen lässt. Die LORENTZ-Kraft ermöglicht aber noch eine andere,
wesentlich einfachere Messung dieser Größe.

Als stromdurchflossenen Leiter benutzt man eine dünne Kupferfolie, die
aber nicht beweglich ist, sondern zwischen zwei dicken Metallplatten einge-
spannt wird.

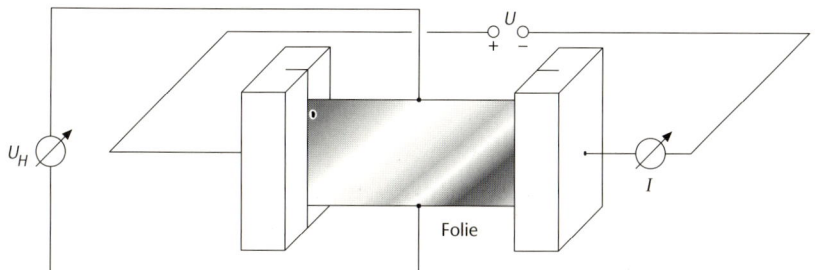

Folie

Wenn durch die Folie der Strom I fließt und senkrecht zur Folienebene ein Magnetfeld mit der Flussdichte B angelegt wird, so entsteht zwischen Ober- und Unterkante der Folie, also senkrecht zur Stromrichtung, eine Spannung U_H. Diese Erscheinung bezeichnet man nach dem amerikanischen Physiker EDWIN HALL als **HALL-Effekt**. Die Spannung U_H heißt **HALL-Spannung**.

Wie entsteht diese Spannung?
Die Leitungselektronen bewegen sich durch den Leiter entgegen der Strom-richtung mit der Driftgeschwindigkeit v. Sie ist proportional zur Stromstärke I und damit zur Batteriespannung U.

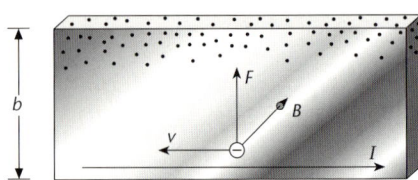

Im Magnetfeld wirkt auf sie die LORENTZ-Kraft F, die sie senkrecht zur Strom-richtung verschiebt. Zwischen Ober- und Unterkante der Folie entsteht so ein Elektronenkonzentrationsgefälle, welches die HALL-Spannung zur Folge hat.

Das so entstandene elektrische HALL-Feld hat die Feldstärke $E_H = \dfrac{U_H}{b}$. Dabei ist b die Breite der Folie.

Die Elektronen mit der Ladung e werden durch die LORENTZ-Kraft F so lange nach oben verschoben, bis F durch die nach unten gerichtete Kraft F_H des elektrischen HALL-Feldes kompensiert wird:

$$F_H = F$$
$$e \cdot E_H = e \cdot v \cdot B$$
$$\frac{U_H}{b} = v \cdot B$$

Man kann also die Flussdichte einfach über eine Messung der HALL-Span-nung bestimmen:

→ **Aufgabe**
4.7

$$B = \frac{U_H}{b \cdot v}$$

Ein Elektron bewegt sich mit $1{,}2 \cdot 10^7\,\mathrm{ms^{-1}}$ in einem homogenen Magnet-   **Aufgabe 4.1**
feld der Flussdichte 2,5 mT. Die Skizzen zeigen verschiedene Richtungen der
Geschwindigkeit $\vec{v}$ und des Magnetfelds $\vec{B}$.
Bestimmen Sie jeweils Richtung und Betrag der LORENTZ-Kraft auf das Elektron.

a)   b)   c) $\alpha = 30°$ d) $\beta = 60°$

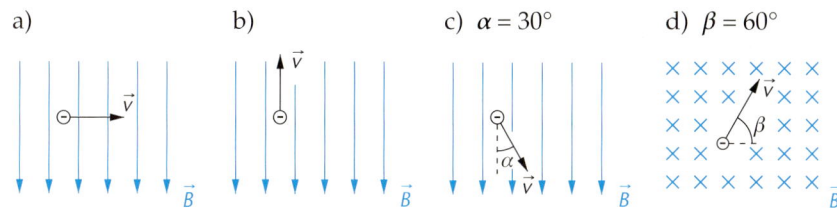

Chlor besteht aus Isotopen der Masse m_1 und m_2, welche chemisch nicht zu   **Aufgabe 4.2**
trennen sind. In einem Massenspektrografen werden die verschiedenen
Chlorisotope getrennt. Zunächst werden die Atome ionisiert.

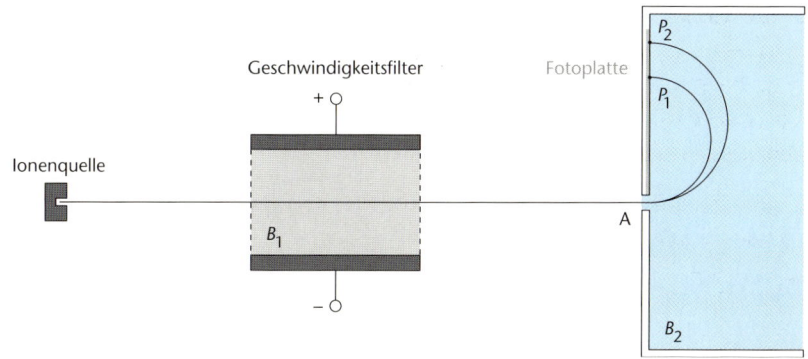

Einfach negativ geladene Chlorionen Cl⁻ treten in ein Geschwindigkeitsfilter
ein, welches aus einem elektrischen und einem magnetischen Feld besteht.
Die elektrische Feldstärke beträgt $E_1 = 2{,}0 \cdot 10^3\,\mathrm{Vm^{-1}}$, die magnetische Flussdichte $B_1 = 50\,\mathrm{mT}$.
Die Ionen, die die anschließende Blende A passieren, haben einheitliche Geschwindigkeit. Sie treten senkrecht in ein homogenes Magnetfeld mit der
Flussdichte $B_2 = 0{,}40\,\mathrm{T}$ ein. In diesem Magnetfeld spaltet sich der Ionenstrahl
in zwei Teilstrahlen, die eine Fotoplatte in den Punkten P_1 und P_2 schwärzen.
P_1 und P_2 haben von der Blendenöffnung A die Abstände $d_1 = 7{,}2\,\mathrm{cm}$ und
$d_2 = 7{,}6\,\mathrm{cm}$.

a) Welche Richtungen haben die Magnetfelder B_1 und B_2?

b) Welche Geschwindigkeit haben die Ionen, die die Blendenöffnung A passieren?

c) Berechnen Sie die Massen m_1 und m_2 der Chlorisotope, die in den Punkten P_1 und P_2 eintreffen.

Berechnen Sie für beide Isotope aus der Masse m die Massenzahl

$$M = \frac{m}{1{,}66 \cdot 10^{-27}\ kg}.$$

d) Weshalb benötigt man bei diesem Massenspektrografen Ionen gleicher Ladung und Geschwindigkeit?

Aufgabe 4.3 In einem Fadenstrahlrohr werden die Elektronen durch die Spannung 970 V beschleunigt. Sie bewegen sich senkrecht zu den Feldlinien eines homogenen Magnetfelds der Flussdichte 2,5 mT auf einem Kreis mit 8,4 cm Durchmesser.

Berechnen Sie aus diesen Werten die spezifische Ladung $\dfrac{e}{m}$ des Elektrons.

Aufgabe 4.4 Elektronen werden durch die Spannung U beschleunigt und treten dann senkrecht zu den Feldlinien in ein scharf begrenztes homogenes Magnetfeld ein. Ihre Bahn im Magnetfeld ist ein Halbkreis.

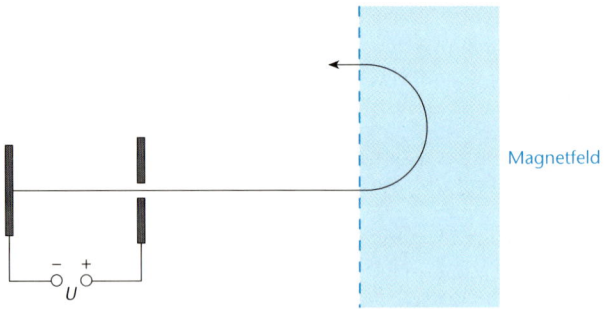

Magnetfeld

a) Welche Richtung hat das Magnetfeld?

b) Bei der Spannung $U_1 = 250\ V$ hat der Halbkreis den Radius $r_1 = 1{,}6\ cm$. Berechnen Sie die Flussdichte des Magnetfelds.

c) Welchen Radius r_2 hat der Halbkreis, wenn die Elektronen mit $U_2 = 1{,}3\ kV$ beschleunigt werden?

d) Berechnen Sie jeweils für die Beschleunigungsspannungen U_1 und U_2 die Aufenthaltsdauer eines Elektrons im Magnetfeld.

Aufgabe 4.5 Elektronen unterschiedlicher Geschwindigkeit treten im Punkt P in ein homogenes elektrisches Querfeld und in ein dazu und zur Bewegungsrichtung senkrechtes homogenes Magnetfeld ein. Das elektrische Feld wird von der Spannung 250 V in

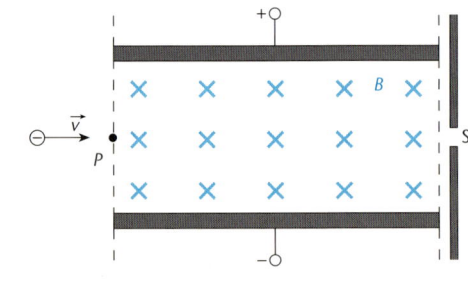

einem Kondensator mit 5,0 cm Plattenabstand erzeugt. Das Magnetfeld hat die Flussdichte 0,045 T.

a) In welche Richtung wirken auf ein Elektron im Punkt P die Kraft des elektrischen und die des magnetischen Feldes?

b) Welche Geschwindigkeit müssen Elektronen besitzen, die den Spalt S unabgelenkt erreichen?

c) Wohin bewegen sich Elektronen, die den Punkt P mit der Geschwindigkeit $v_1 = 6,0 \cdot 10^4$ m s^{-1} erreichen?

d) Warum wird dieser Versuchsaufbau mit gekreuztem elektrischem und magnetischem Feld als „Geschwindigkeitsfilter" bezeichnet?

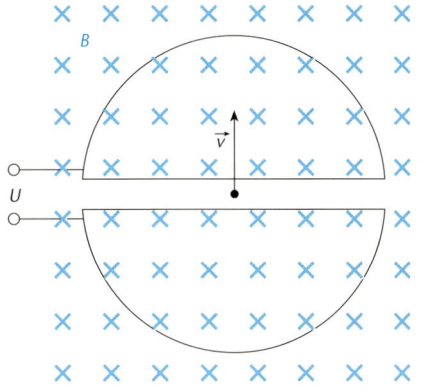

Aufgabe 4.6

Ein Zyklotron wird von einem starken Magnetfeld mit der Flussdichte $B = 2,3$ T durchsetzt. In der Mitte des schmalen Spalts befindet sich ein Präparat, das senkrecht zu den Magnetfeldlinien α-Teilchen emittiert.
α-Teilchen sind zweifach positiv geladen und haben die Masse $m = 6,6 \cdot 10^{-27}$ kg. Sie verlassen das Präparat mit der Geschwindigkeit $v = 1,4 \cdot 10^7$ m s^{-1}.

a) Weisen Sie nach, dass sich ein α-Teilchen trotz zunehmender Geschwindigkeit in jeder der beiden Dosenhälften immer wieder gleich lang aufhält. Berechnen Sie diese Aufenthaltsdauer.

b) Nach welcher Zeit hat das elektrische Feld jeweils wieder dieselbe Polung? Berechnen Sie die Frequenz der Wechselspannung U.

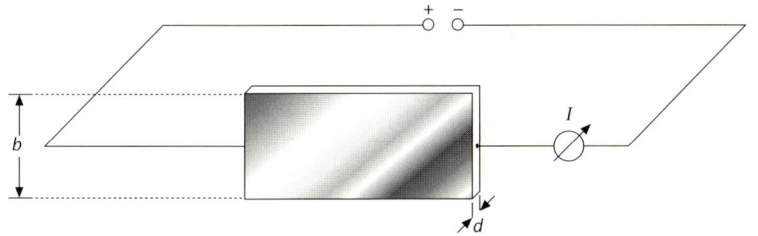

Aufgabe 4.7

Eine Kupferfolie hat die Breite $b = 2,0$ cm und die Dicke $d = 0,50$ mm. In ihr fließt ein Strom der Stärke $I = 20$ A. Es gilt: $I = n \cdot e \cdot A \cdot v$.
Dabei ist n die Elektronendichte, die in Kupfer $8,5 \cdot 10^{19}$ Elektronen pro mm^3 beträgt. e ist die Elementarladung, $A = b \cdot d$ die Querschnittsfläche der Folie und v die Driftgeschwindigkeit, mit der sich die Elektronen durch die Folie bewegen.

a) Berechnen Sie die Driftgeschwindigkeit v.

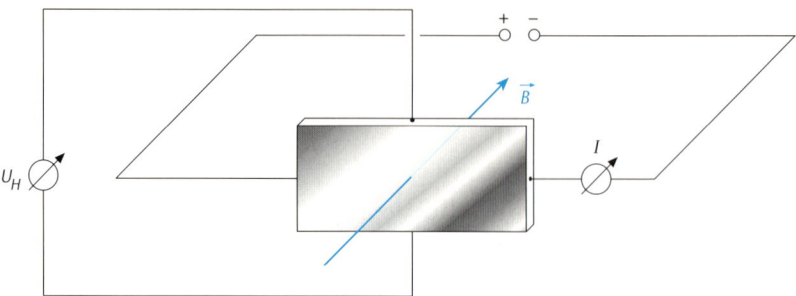

b) Nun wird ein Magnetfeld senkrecht zur Stromrichtung eingeschaltet. Dadurch entsteht die HALL-Spannung $U_H = 0{,}72\,\mu\text{V}$.
Berechnen Sie den Betrag der Flussdichte des Magnetfelds.

Elektromagnetische Induktion

Der magnetische Fluss

Ein elektrisches Strom verursacht in seiner Umgebung stets ein Magnetfeld. „Gibt es auch den umgekehrten Effekt? Kann ein Magnet einen Strom erzeugen?"

Der großartige englische Experimentalphysiker Michael Faraday fand nach 9-jähriger intensiver Forschungsarbeit 1831 die Antwort auf diese Fragen. Er entdeckte, dass ein Strom in einer ruhenden Leiterschleife nicht von einem konstanten, sondern nur von einem sich zeitlich ändernden Magnetfeld hervorgerufen oder, vornehm lateinisch ausgedrückt, *induziert* werden kann.

Für das genauere Verständnis dieser „elektromagnetische Induktion" genannten Erscheinung benötigen wir aber noch die Definition einer neuen physikalischen Größe, des „magnetischen Flusses".

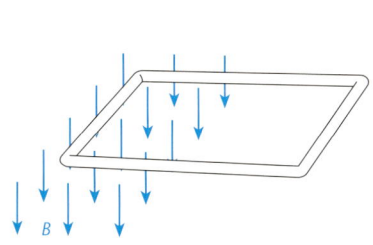 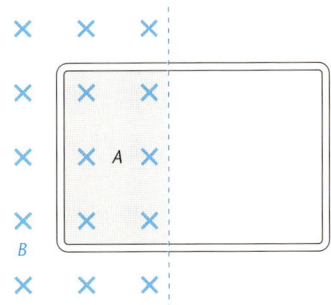

In einer Leiterschleife, deren Fläche sich senkrecht zu den Feldlinien eines homogenen Magnetfelds befindet, ist der **magnetische Fluss** Φ das Produkt aus der magnetischen Flussdichte B und der Fläche A im Innern der Leiterschleife, die vom Magnetfeld durchsetzt wird:

$$\Phi = B \cdot A$$

Die Einheit des magnetischen Flusses ist 1 Weber.

$$[\Phi] = 1\ \text{Wb} = 1\ \text{T m}^2$$

Wir werden noch sehen, dass $1\ \text{Wb} = 1\ \text{V s}$ ist.

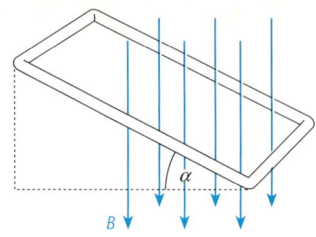
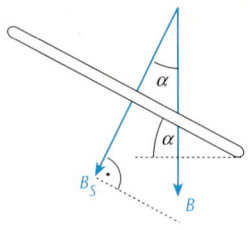

Bildet die Fläche der Leiterschleife mit dem magnetischen Feld einen beliebigen Winkel, so ist für den magnetischen Fluss nur die zur Leiterfläche senkrechte Komponente $B_s = B \cdot \cos\alpha$ der Flussdichte B wirksam:

$$\Phi = B \cdot A \cdot \cos\alpha$$

Es stimmt schon, der magnetische Fluss ist eine etwas schwer verständliche Größe. Aber im Feldlinienbild hat er eine anschauliche Bedeutung:

Der magnetische Fluss Φ gibt die Anzahl der Feldlinien an, die die Fläche im Innern einer Leiterschleife durchsetzen.

→ **Aufgabe 5.1** „Wie soll ich denn die Feldlinien zählen?", werden Sie fragen. Das geht in der Realität tatsächlich nicht. Das Feldlinienbild ist nur ein Modell. Das folgende Kapitel wird Ihnen aber zeigen, wie gut die Induktion sich damit erklären lässt.

5.2 Das Induktionsgesetz

Nachdem er hunderte verschiedene Experimente gemacht hatte, fand FARADAY, dass in einer Leiterschleife immer nur dann ein Induktionsstrom auftritt, wenn die Zahl der durch sie hindurchtretenden Feldlinien sich während des Versuchs ändert.
Die Zahl der durch die Leiterschleife tretenden Feldlinien ändert sich zum Beispiel, wenn sich die Stärke des Magnetfelds, also die Flussdichte B, ändert. Die Feldstärke wird ja wie beim Gravitationsfeld oder beim elektrischen Feld durch die Dichte der Feldlinien repräsentiert:

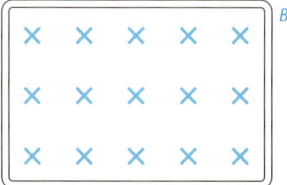
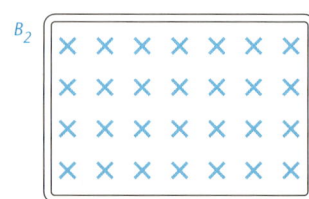

$B_1 < B_2$

Die Zahl der durch sie hindurchtretenden Feldlinien kann sich aber auch dann ändern, wenn die Leiterschleife relativ zum Magnetfeld bewegt wird.

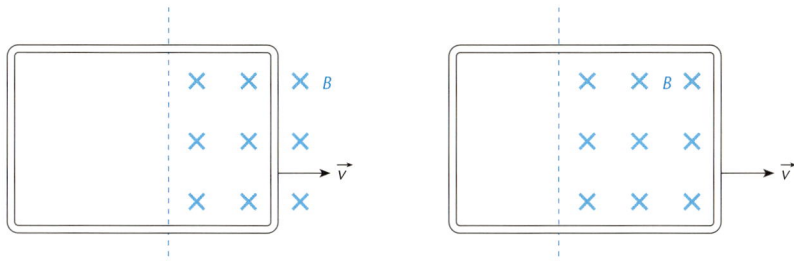

Etwas Merkwürdiges haben wir bisher nicht weiter beachtet: Ein Induktionsstrom kann in einer geschlossenen Leiterschleife fließen, ohne dass wie beim „normalen Stromkreis" eine Spannungsquelle mit Plus- und Minuspol vorhanden ist.

Für den Induktionsstrom ist eine **Induktionsspannung** U_{ind} verantwortlich. Sie kann gemessen werden, wenn man die geschlossene Leiterschleife an irgendeiner Stelle aufschneidet und die beiden Schnittenden mit einem Spannungsmessgerät verbindet.

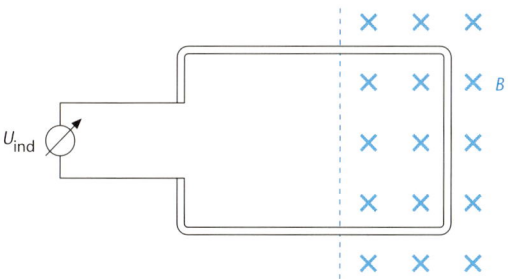

Jede Änderung des magnetischen Flusses in einer Leiterschleife ruft eine Induktionsspannung hervor.
Die Induktionsspannung hängt nicht davon ab, wie groß der magnetische Fluss ist, sondern nur davon, wie rasch er sich ändert.

Lässt sich dieser Sachverhalt auch als präzises physikalisches Gesetz formulieren? Nun, aus dem Mathematikunterricht wissen Sie wohl, wie man von einer Funktion $f(x)$ die Ableitung $f'(x) = \dfrac{\mathrm{d}}{\mathrm{d}x} f(x)$ bildet.

Die Ableitung f' gibt die Steigung einer Funktion f an. Je größer die Steigung an einer Stelle, desto schneller ändern sich in ihrer Umgebung die Funktionswerte.

Das Tempo, mit dem sich der magnetische Fluss Φ ändert, wird durch die Ableitung $\dfrac{\mathrm{d}}{\mathrm{d}t} \Phi(t)$ der zeitabhängigen Funktion $\Phi(t)$ beschrieben.

Das Induktionsgesetz besagt:

Wenn sich der magnetische Fluss Φ durch eine Leiterschleife so ändert, dass er die Ableitung $\frac{\mathrm{d}}{\mathrm{d}t}\,\Phi$ hat, tritt die Induktionsspannung

$$U_{\text{ind}} = -\,\frac{\mathrm{d}}{\mathrm{d}t}\,\Phi$$

auf. Bei einer Spule mit N Windungen ist sie:

Induktionsgesetz

$$U_{\text{ind}} = -\,N \cdot \frac{\mathrm{d}}{\mathrm{d}t}\,\Phi$$

Ehe Sie nun darüber erschrecken, dass in diesem physikalischen Gesetz eine Ableitung vorkommt, sollten Sie sich die Beispiele in Kapitel 5.3 ansehen, die Ihnen zeigen: Alles halb so schlimm.

Das Vorzeichen von U_{ind} sagt etwas über die Richtung der Induktionsspannung und damit des Induktionsstroms aus. Damit beschäftigen wir uns dann ausführlich in Kaptiel 5.4.

5.3 Beispiele für die Anwendung des Induktionsgesetzes

Beispiel 1 Eine rechteckige Leiterschleife wird mit konstanter Geschwindigkeit v senkrecht zu den Feldlinien in ein Magnetfeld hineinbewegt.

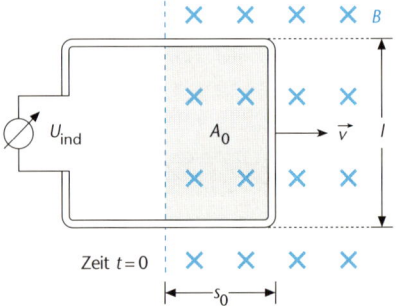
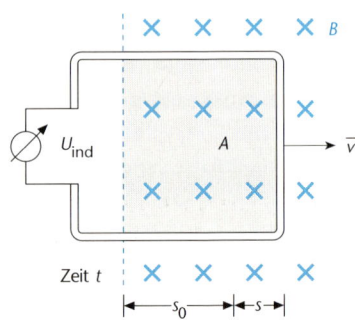

Die für den magnetischen Fluss wirksame Fläche nimmt zu: Wenn zur Zeit $t = 0$ die wirksame Fläche $A_0 = l \cdot s_0$ war, so ist sie zur Zeit t auf $A = A_0 + l \cdot s$ angewachsen. Wegen $s = v \cdot t$ ist also

$$A = A_0 + l \cdot v \cdot t$$

und der magnetische Fluss $\Phi = B \cdot A$ zur Zeit t ist

$$\Phi = B \cdot A_0 + B \cdot l \cdot v \cdot t.$$

Die Ableitung ist

$$\frac{\mathrm{d}}{\mathrm{d}t} \Phi = 0 + B \cdot l \cdot v \cdot 1,$$

denn $B \cdot A_0$ und $B \cdot l \cdot v$ sind konstante, von der Zeit t unabhängige Größen. Nach dem Induktionsgesetz beträgt die Induktionsspannung:

$$U_{\text{ind}} = -\frac{\mathrm{d}}{\mathrm{d}t} \Phi = -B \cdot l \cdot v$$

Das (bis auf das Vorzeichen) gleiche Ergebnis lässt sich auch gewinnen, wenn man die LORENTZ-Kraft auf die Elektronen im Leiter betrachtet:

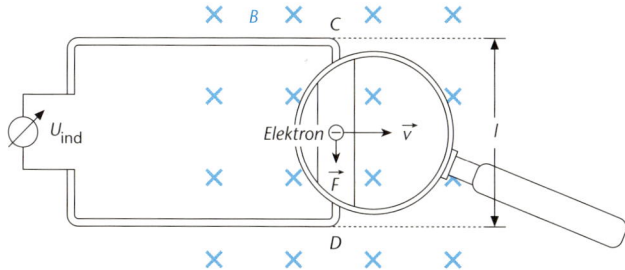

Wird das skizzierte Drahtstück der Länge l senkrecht zu den Feldlinien des Magnetfelds bewegt, so treibt die LORENTZ-Kraft F die Elektronen im Draht von C nach D. Bei C entsteht Elektronenmangel, bei D Elektronenüberschuss. Das so verursachte elektrische Feld im Draht wächst so lange an, bis die Kraft F_e dieses Feldes die LORENTZ-Kraft F kompensiert:

$$F_e = F$$
$$e \cdot E = e \cdot v \cdot B$$
$$E = v \cdot B \quad \Rightarrow \quad \frac{U_{\text{ind}}}{l} = v \cdot B \quad \Rightarrow \quad U_{\text{ind}} = B \cdot l \cdot v$$

In einem geraden Leiterstück der Länge l, das mit der Geschwindigkeit v senkrecht zu den Feldlinien eines homogenen Magnetfelds mit der Flussdichte B bewegt wird, entsteht die Induktionsspannung U_{ind} durch die LORENTZ-Kräfte auf die Elektronen im Leiter.

Die Induktionsspannung hat den Betrag:

$$U_{\text{ind}} = B \cdot l \cdot v$$

Beispiel 2   Die Stärke des Magnetfelds, das eine unbewegte Induktionsspule senkrecht durchsetzt, wird gleichmäßig erhöht.

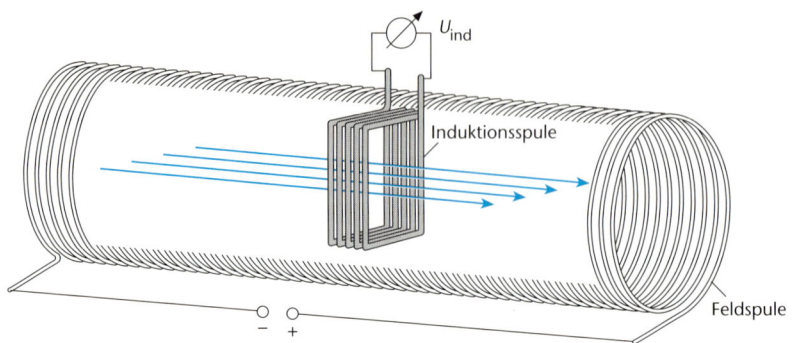

Wird die Stromstärke in der Feldspule erhöht, so steigt die magnetische Flussdichte in ihrem Innern zwischen den Zeitpunkten t_1 und t_2 vom Wert B_1 auf den Wert B_2 an. In der Induktionsspule mit der Querschnittsfläche A erhöht sich deshalb der magnetische Fluss von $\Phi_1 = A \cdot B_1$ auf $\Phi_2 = A \cdot B_2$.

Da die Erhöhung gleichmäßig erfolgt, stellt der magnetische Fluss im t-Φ-Diagramm eine Gerade dar.

Die Steigung der Geraden ist konstant und somit ist die Ableitung $\dfrac{\mathrm{d}}{\mathrm{d}t}\Phi$ besonders einfach zu berechnen:

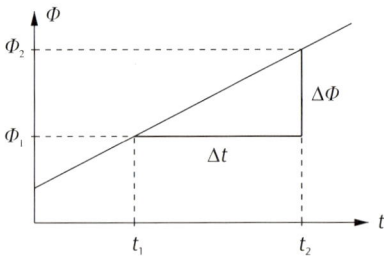

$$\frac{\mathrm{d}}{\mathrm{d}t}\Phi = \frac{\Delta\Phi}{\Delta t} = \frac{\Phi_2 - \Phi_1}{t_2 - t_1} = A \cdot \frac{B_2 - B_1}{t_2 - t_1} = A \cdot \frac{\Delta B}{\Delta t}$$

Bei einer Induktionspule mit N Windungen beträgt die Induktionsspannung:

$$U_{\mathrm{ind}} = -N \cdot \frac{\mathrm{d}}{\mathrm{d}t}\Phi = -N \cdot A \cdot \frac{\Delta B}{\Delta t}$$

Nachbemerkung:

Aus $U_{\mathrm{ind}} = -\dfrac{\Delta\Phi}{\Delta t}$ folgt $\Delta\Phi = -U_{\mathrm{ind}} \cdot \Delta t$ und somit für die Einheit des magnetischen Flusses:

$$1\,\mathrm{Wb} = 1\,\mathrm{V\,s}$$

Die LENZ'sche Regel

In welche Richtung fließt ein Induktionsstrom?

Wird der eine Leiterschleife durchsetzende magnetische Fluss $\Phi = B \cdot A$ verändert, so fließt in ihr ein Strom. Dieser Induktionsstrom bewirkt aber selbst wieder ein Magnetfeld B_{ind}.
Eine Zunahme des magnetischen Flusses $\Phi = B \cdot A$ führt zu einem Induktionsstrom, dessen Magnetfeld B_{ind} dem ursprünglichen Magnetfeld B entgegengerichtet ist.

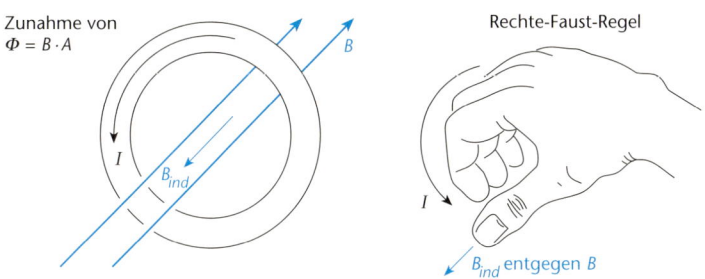

Es kann ja gar nicht anders sein. Wenn der Induktionsstrom so gerichtet wäre, dass B_{ind} dieselbe Richtung wie B hätte, so würde die Zunahme des magnetischen Flusses noch zusätzlich verstärkt, was wiederum eine weitere Zunahme von B_{ind} bewirken würde und so weiter. Bereits durch eine minimale Flusszunahme würde man unbegrenzt hohe Stromstärken erzeugen können.

Eine Abnahme des magnetischen Flusses $\Phi = B \cdot A$ führt zu einem Induktionsstrom, dessen Magnetfeld B_{ind} mit dem ursprünglichen Magnetfeld B die gleiche Richtung hat.

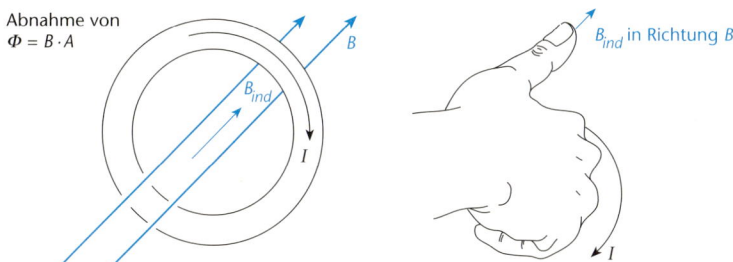

Die Schwächung des vorhandenen Magnetfelds durch den von einer Flusszunahme verursachten Induktionsstrom und die Verstärkung des vorhandenen Magnetfelds durch den von einer Flussabnahme verursachten Induktionsstrom lässt sich in einer Regel zusammenfassen, die der Physker HEINRICH LENZ entdeckte:

LENZ'sche Regel

> Der Induktionsstrom ist stets so gerichtet, dass er der Ursache seiner Entstehung entgegenwirkt.

→ **Aufgaben**
5.2 – 5.8

Wir wollen gar nicht erst versuchen, die Information über die Richtung des Induktionsstroms aus dem Vorzeichen herleiten, das sich bei der Berechnung von $U_{\text{ind}} = -N \cdot \dfrac{\text{d}}{\text{d}t}\, \Phi$ ergibt. Mit der LENZ'schen Regel geht es einfacher.

5.5 Die Selbstinduktion

Wir haben gesehen: Eine Stromänderung in der Feldspule führt zu einer Flussänderung in einer Induktionsspule, weshalb an den Enden dieser Induktionsspule eine Induktionsspannung auftritt.
Die Stromänderung in der Feldspule bewirkt aber doch in ihr selbst auch eine Flussänderung. Führt die nun auch zu einer Induktionsspannung?

Wir wollen die Stromänderung in einer Spule beim Ein- und Ausschalten des Spulenstroms genauer betrachten und verwenden dazu eine Parallelschaltung der Spule mit einem Widerstand R.

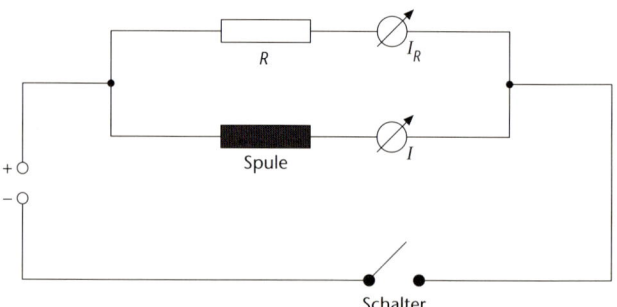

Beim Einschalten beobachtet man, dass der Spulenstrom I nur langsam auf den Wert ansteigt, der im Widerstandszweig sofort erreicht wird.
Beim Ausschalten sinkt der Spulenstrom I nur langsam auf null ab.

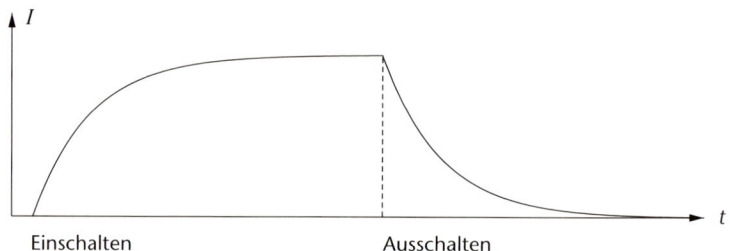

Die Änderung der Stromstärke in einer Spule bewirkt eine Änderung der Stärke des Magnetfelds, welches alle Windungen dieser Spule durchsetzt. Dies führt zu einer Flussänderung und damit zu einer Induktionsspannung.

Die Induktion in der felderregenden Spule wird als **Selbstinduktion** bezeichnet.

Die **Selbstinduktionsspannung** wirkt ihrer Ursache, der Stromstärkeänderung, entgegen: Sie verzögert beim Einschalten das Anwachsen der Stromstärke und beim Ausschalten ihr Zurückgehen auf null.

Wir wollen eine Formel für die Selbstinduktionsspannung in einer Spule ohne Eisenkern herleiten:

Wenn der Strom I durch die Spule mit N Windungen fließt, so tritt in ihrem Innern ein homogenes Magnetfeld der Flussdichte $B = \mu_0 \cdot \dfrac{N}{l} \cdot I$ auf. Der Fluss durch den Spulenquerschnitt mit der Fläche A beträgt:

$$\Phi = B \cdot A = \mu_0 \cdot \frac{N}{l} \cdot A \cdot I$$

Das Induktionsgesetz $U_{\text{ind}} = - N \cdot \dfrac{\mathrm{d}}{\mathrm{d}t} \Phi$ ergibt:

$$U_{\text{ind}} = - N \cdot \frac{\mathrm{d}}{\mathrm{d}t} \left(\mu_0 \cdot \frac{N}{l} \cdot A \cdot I \right)$$

$\mu_0 \cdot \dfrac{N}{l} \cdot A$ ist konstant. Allein der Strom I ändert sich mit der Änderungsgeschwindigkeit $\dfrac{\mathrm{d}}{\mathrm{d}t} I$. Es folgt:

$$U_{\text{ind}} = - N \cdot \mu_0 \cdot \frac{N}{l} \cdot A \cdot \frac{\mathrm{d}}{\mathrm{d}t} I = - \mu_0 \cdot \frac{N^2 \cdot A}{l} \cdot \frac{\mathrm{d}}{\mathrm{d}t} I$$

Die konstante Größe $\mu_0 \cdot \dfrac{N^2 \cdot A}{l}$ hängt nur von Eigenschaften der Spule ab und wird als ihre Induktivität bezeichnet.

Eine Spule ohne Eisenkern, die die Länge l, die Querschnittsfläche A und die Windungszahl N hat, besitzt die **Induktivität**

$$L = \mu_0 \cdot \frac{N^2 \cdot A}{l}.$$

Wenn die Spule einen Kern aus Eisen oder einem anderen ferromagnetischen Material hat, so erhöht sich ihre Induktivität um den Faktor μ_r, der als die **Permeabilitätszahl** des betreffenden Materials bezeichnet wird.

Die Einheit der Induktivität ist 1 Henry.

$$[L] = 1\,\text{H} = 1\,\frac{\text{Vs}}{\text{A}}$$

Dies ist die Induktivität einer Spule, in der 1 V Spannung induziert wird, wenn der Spulenstrom sich in 1 s gleichmäßig um 1 A ändert.

> In einem Moment, in dem sich die Stromstärke in einer Spule der Induktivität L so ändert, dass ihre Ableitung $\frac{d}{dt} I$ ist, gilt für die Selbstinduktionsspannung:
>
> $$U_{ind} = -L \cdot \frac{d}{dt} I$$

Besonders hohe Selbstinduktionsspannungen treten beim plötzlichen Ausschalten eines Stroms auf, da die Stromstärkeänderung $\frac{d}{dt} I$ hierbei große Werte erreicht. Beim Auto ruft die plötzliche Unterbrechung des Stroms in der Zündspule eine hohe Induktionsspannung hervor, die für den Funken in der Zündkerze sorgt.

5.6 Energie des magnetischen Feldes

In einem Stromkreis, der eine Spule enthält, fließt der Strom nach der Wegnahme der Spannungsquelle noch kurzzeitig weiter. Die Energie, die den Strom trotz der in jedem Stromkreis vorhandenen Widerstände antreibt, kann nicht mehr aus der Spannungsquelle stammen. Sie wird dem Magnetfeld im Innern der Spule entnommen, das gleichzeitig mit dem Spulenstrom wieder verschwindet.

Wir können die Selbstinduktion also auch vom Energieerhaltungssatzt her verstehen:
Wird eine Spule mit einer Spannungsquelle verbunden, so kann der Strom nicht sofort in voller Stärke fließen, weil ein Teil der Energie der Spannungsquelle zuerst für den Aufbau des Magnetfelds benötigt wird. Diese Energie bleibt so lange im Magnetfeld gespeichert, bis die Verbindung zur Spannungsquelle unterbrochen wird. Danach dient sie dazu, den Strom kurzzeitig weiterfließen zu lassen.

> Wird eine Spule, die die Induktivität L hat, vom Strom I durchflossen, so ist in ihr die **Energie des Magnetfelds**
>
> $$W = \frac{1}{2} L I^2$$
>
> gespeichert.

Die Herleitung dieser Formel ist mathematisch zu anspruchsvoll, als dass sie von Ihnen verlangt werden könnte. Die Analogie zu den Formeln für andere Energieformen fällt aber ins Auge:

Spannenergie $\dfrac{1}{2}Ds^2$ 　　　 Energie des E-Feldes $\dfrac{1}{2}CU^2$

Kinetische Energie $\dfrac{1}{2}mv^2$ 　　 Energie des B-Feldes $\dfrac{1}{2}LI^2$

➡ **Aufgaben
5.9; 5.10**

Übungsaufgaben zu Kapitel 5 　　　　　　　　　　 5.7

Die Skizzen zeigen Leiterschleifen S, die sich in einem begrenzten homogenen Magnetfeld mit der Flussdichte $B = 0{,}32$ T befinden.
Berechnen Sie jeweils den die Leiterschleife durchsetzenden magnetischen Fluss.

Aufgabe 5.1

a) 　　　　　　　b) 　　　　　　　c)

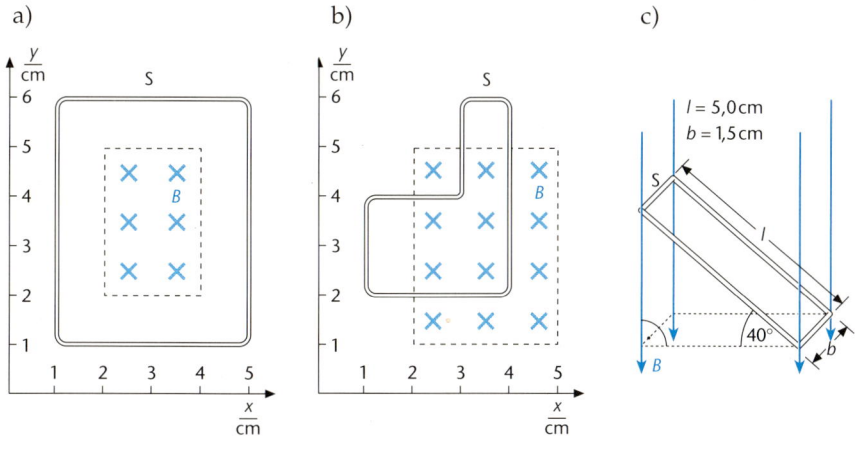

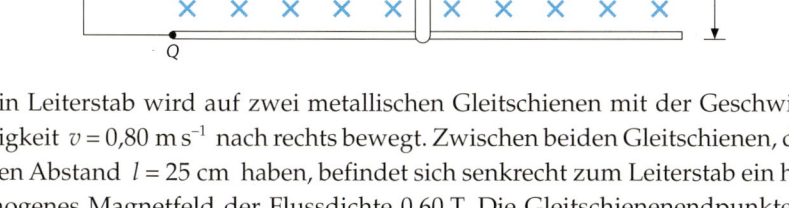

Aufgabe 5.2

Ein Leiterstab wird auf zwei metallischen Gleitschienen mit der Geschwindigkeit $v = 0{,}80$ m s^{-1} nach rechts bewegt. Zwischen beiden Gleitschienen, die den Abstand $l = 25$ cm haben, befindet sich senkrecht zum Leiterstab ein homogenes Magnetfeld der Flussdichte $0{,}60$ T. Die Gleitschienenendpunkte P und Q sind über den Widerstand $R = 10\ \Omega$ verbunden.

a) Welche Richtung hat die Kraft auf ein freies Elektron im Leiterstab? Welche Polarität haben die Punkte P und Q, die für den Widerstand R wie die Pole einer Spannungsquelle wirken?

b) In welche Richtung fließt der Induktionsstrom?
   Begründen Sie Ihre Antwort sowohl mit der LORENTZ-Kraft als auch mit der LENZ'schen Regel.

c) Berechnen Sie die Spannung zwischen den Punkten P und Q sowie die Stärke des Induktionsstroms.

   Hinweise:
   Die Widerstände von Leiterstab und Gleitschienen sind zu vernachlässigen.
   Das OHM'sche Gesetz gilt auch für Induktionsspannung und -strom.

d) Begründen Sie, weshalb zum Verschieben des Leiters Kraft aufgewendet werden muss, obwohl die Bewegung mit konstanter Geschwindigkeit erfolgt.
   Berechnen Sie die Kraft.

e) Berechnen Sie die mechanische Arbeit W, die aufgewendet werden muss, um den Leiterstab 30 cm nach rechts zu bewegen. Zeigen Sie die Gültigkeit des Energieerhaltungssatzes, indem Sie die dabei erzeugte elektrische Energie E_{el} mit W vergleichen.

Aufgabe 5.3
Eine flache rechteckige Spule (Kantenlängen $l = 10$ cm und $b = 4,0$ cm) hat 50 Windungen und den Widerstand 15 Ω. Sie befindet sich zur Zeit $t = 0$ in der gezeichneten Stellung und wird dann mit der Geschwindigkeit $v = 2,0$ cm s^{-1} nach rechts in ein homogenes Magnetfeld der Flussdichte $B = 1,5$ T bewegt.

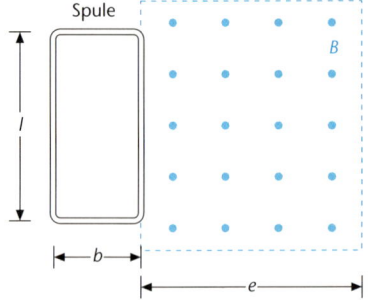

Die Spulenenden sind kurzgeschlossen. Das Feld ist nach vorn (auf den Betrachter zu) gerichtet und hat in Bewegungsrichtung die Länge $e = 10$ cm.

a) Nach welcher Zeit t_1 tritt auch die linke Spulenkante in das Magnetfeld ein?
   Nach welcher Zeit t_2 tritt die rechte, nach welcher Zeit t_3 die linke Spulenkante aus dem Magnetfeld aus?

b) Berechnen Sie für den Zeitraum $0 \leq t \leq t_1$ den magnetischen Fluss $\Phi(t)$ und die Spulenstromstärke $I(t)$ jeweils als Funktion der Zeit.

c) Stellen Sie für den Zeitraum $0 \leq t \leq t_3$ in einem $\Phi(t)$-Diagramm den Verlauf des magnetischen Flusses und in einem $I(t)$-Diagramm den Verlauf der Spulenstromstärke grafisch dar.
   In welche Richtung fließt der Induktionsstrom im Zeitraum $t_2 \leq t \leq t_3$?

Eine lange Leiterschleife hat die bezeichneten Kantenlängen $l_1 = 20$ cm und $l_2 = 4,0$ cm. Ihre Masse beträgt 40 g, ihr Widerstand 2,0 Ω. Sie hängt zur Zeit $t = 0$ in der gezeichneten Stellung und wird danach nach unten bewegt, senkrecht zu den Feldlinien des Magnetfelds mit der Flussdichte $B = 5,0$ T.

Die Leiterschleife ist so groß, dass der obere waagrechte Leiterteil dabei immer außerhalb des Magnetfelds bleibt.

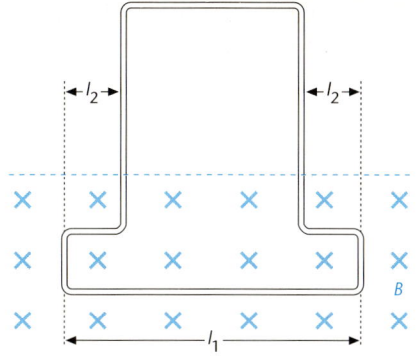

a) Die Bewegung erfolgt mit konstanter Beschleunigung $a = 9,8$ m s^{-2}. Berechnen Sie die induzierte Stromstärke als Funktion der Zeit.

Lösungshinweis: Die für den magnetischen Fluss wirksame Fläche zur Zeit $t = 0$ werde mit A_0 bezeichnet. Berechnen Sie zunächst für einen späteren Zeitpunkt t die wirksame Fläche $A(t)$ und daraus die Stromstärke $I(t)$.

b) Die Leiterschleife fällt nun aus der gezeichneten Stellung infolge ihrer Gewichtskraft frei nach unten.
Begründen Sie, dass sie zunächst eine beschleunigte Bewegung durchführt, dann aber eine konstante Geschwindigkeit v erreicht.
Berechnen Sie v.

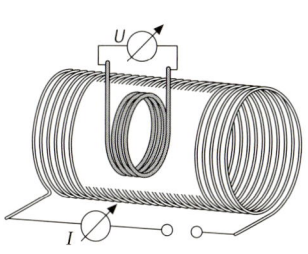

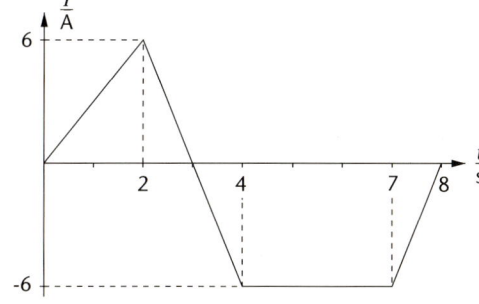

In einer 80 cm langen Feldspule mit 12 000 Windungen fließt ein Strom I, dessen zeitlicher Verlauf dem Schaubild zu entnehmen ist. Im Innern der Feldspule ruht achsenparallel eine Induktionsspule mit 60 Windungen, die an ein Spannungsmessgerät angeschlossen ist. Sie hat 18 cm^2 Querschnittsfläche.

a) Stellen Sie in einem $\Phi(t)$-Diagramm den zeitlichen Verlauf des magnetischen Flusses durch die Induktionsspule dar.

b) Stellen Sie in einem $U(t)$-Diagramm den zeitlichen Verlauf der gemessenen Spannung dar.

Aufgabe 5.6   Eine flache Spule mit 2000 Windungen und rechteckiger Querschnittsfläche (Kantenlängen: $l = 6{,}0$ cm; $b = 5{,}0$ cm) ist in einem homogenen Magnetfeld drehbar gelagert. Zur Zeit $t = 0$ wird die Spule vom Magnetfeld mit der Flussdichte 15 mT senkrecht durchsetzt.

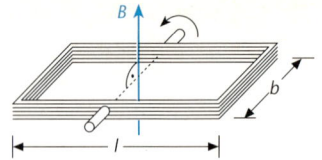

Die Spule wird gleichmäßig mit der Frequenz 10 Hz gedreht.

a) Berechnen sie den magnetischen Fluss $\Phi(t)$ durch die Spule als Funktion der Zeit.

    Lösungshinweis:
    Berechnen Sie den Winkel $\alpha(t)$, um den die Spule in der Zeit t gedreht wird, und damit die effektive Fläche $A(t)$ der Spule, die dann senkrecht vom Magnetfeld durchsetzt wird.
    $A(t)$ ist die Projektion der realen Spulenfläche auf die Ebene senkrecht zur Magnetfeldrichtung.

b) Berechnen Sie die an den Spulenenden induzierte Spannung $U(t)$ als Funktion der Zeit.

c) Stellen Sie während zweier voller Umdrehungen der Spule den zeitlichen Verlauf des magnetischen Flusses und der Induktionsspannung in einem $\Phi(t)$-Diagramm und einem $U(t)$-Diagramm grafisch dar.

d) Die grafische Darstellung zeigt: Die Induktionsspannung erreicht immer dann ihren maximalen Betrag, wenn kein magnetischer Fluss auftritt. Erläutern Sie die Ursache dieses Zusammenhangs.

Aufgabe 5.7   Die Leiterschleife S mit dem Widerstand 0,50 mΩ wird zur Zeit $t = 0$ aus der gezeichneten Lage nach rechts mit der Geschwindigkeit 2,0 cm s^{-1} durch ein begrenztes Magnetfeld mit der Flussdichte 7,0 mT bewegt.

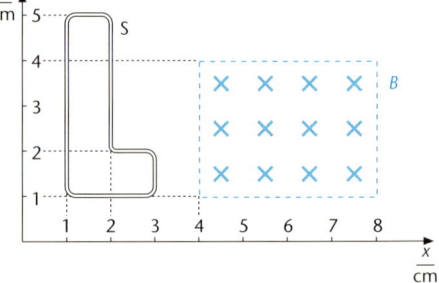

Stellen Sie den zeitlichen Verlauf der Leiterstromstärke in einem $I(t)$-Diagramm für den Zeitraum $0 \le t \le 4$ s dar.
(Als positive Stromrichtung wird ein Strom im Gegenuhrzeigersinn definiert.)

Ein Aluminiumring ist frei beweglich vor einer Spule mit Eisenkern so aufgehängt, dass seine Achse die Richtung der Spulenachse hat. Der Strom in der Spule wird ein- und ausgeschaltet.

Warum wird der Ring beim Einschalten von der Spule fortbewegt und beim Ausschalten zu ihr hingezogen?

Aufgabe 5.8

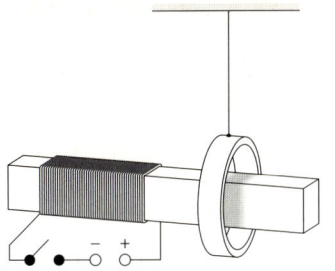

Hinweis:
Ohne Eisenkern wären die Effekte kaum zu beobachten. Durch das Einbringen eines Eisenkerns in eine stromdurchflossene Spule wird das Magnetfeld wesentlich stärker.

Aufgabe 5.9

Eine 65 cm lange luftgefüllte Spule hat die Querschnittsfläche 40 cm^2. Wird die Spulenstromstärke gleichmäßig je Sekunde um 3,4 A geändert, so hat die an den Spulenenden auftretende Selbstinduktionsspannung den Betrag 82 mV.

a) Berechnen Sie die Induktivität der Spule.

b) Welche Windungszahl hat die Spule?

c) Fließt durch die Spule ein konstanter Strom, so ist in ihrem Magnetfeld die Energie 3,7 mJ gespeichert.
   Berechnen Sie die Stromstärke und die magnetische Flussdichte im Spuleninnern.

d) Wenn der Innenraum der Spule vollständig mit einem Kern aus Transformatorblech gefüllt wird, so beträgt bei gleicher Änderung der Spulenstromstärke die Selbstinduktionsspannung 615 V.
   Berechnen Sie die Permeabilitätszahl von Transformatorblech.

Aufgabe 5.10

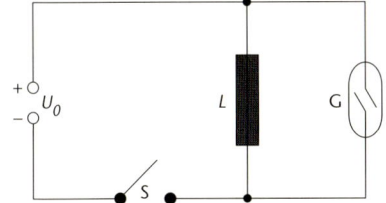

Die Abbildung zeigt eine Spule L mit der Windungsdichte $\frac{N}{l} = 3{,}0 \cdot 10^4 \ \mathrm{m}^{-1}$, die über den Schalter S mit der Spannung $U_0 = 15 \ \mathrm{V}$ verbunden ist. Die Glimmlampe G ist zu L parallel geschaltet. Die Spule hat den ohmschen Widerstand $R = 43 \ \Omega$. Der Widerstand der Glimmlampe ist wesentlich höher.

a) Welche Stärke I_0 hat der Spulenstrom bei geschlossenem Schalter?

b) Bei der Stromstärke I_0 speichert das Magnetfeld der Spule die Energie 67 mJ.
Welche Induktivität besitzt die Spule?

c) Berechnen Sie die magnetische Flussdichte im Innern der Spule.

d) Nach dem Öffnen des Schalters klingt der Spulenstrom rasch ab. Für einen sehr kurzen Zeitraum kann man den zeitlichen Verlauf der Stromstärke durch die Funktion $I(t) = 0{,}35\ \text{A} - (140\ \text{A}\,\text{s}^{-1}) \cdot t$ annähern.
Berechnen Sie für diesen Zeitraum die Selbstindunktionsspannung $U_{\text{ind}}(t)$, die den Strom $I(t)$ verursacht.

e) Eine Glimmlampe enthält zwei Elektroden. Die in Teilaufgabe d berechnete Selbstinduktionsspannung ist so hoch, dass die Kathode der Glimmlampe von einer leuchtenden Schicht überzogen ist. Bei einer Spannung über 100 V bringen nämlich die aus der Kathode austretenden Elektronen die in der Nähe befindlichen Gasatome zum Leuchten.
Geben Sie an, ob nach dem Öffnen des Schalters die obere oder die untere Elektrode kurzeitig aufleuchtet.

Wechselstromkreis

Erzeugung von Wechselspannung   6.1

Die elektromagnetische Induktion ist eine der Grundlagen unserer technischen Zivilisation. Der Strom, der aus der Steckdose kommt, ist bekanntlich ein Wechselstrom. Die ihn verursachende Wechselspannung wird in dem Generator eines Kraftwerks durch einen Induktionsvorgang hervorgerufen. Das Prinzip der Erzeugung von Wechselspannung lässt sich leicht verstehen:

Wird eine Spule in einem homogenen Magnetfeld der Flussdichte B mit konstanter Winkelgeschwindigkeit ω gedreht, so ändert sich der magnetische Fluss durch die Spule periodisch und es entsteht eine periodisch veränderliche Spannung zwischen den mit den Spulenenden verbundenen Schleifringen. Wir wollen diese Spannung in Abhängigkeit von der Zeit t berechnen. Dazu betrachten wir eine Leiterschleife, deren Fläche A zur Zeit $t = 0$ vom Magnetfeld senkrecht durchsetzt worden ist. Zur Zeit t hat sie sich bereits um den Winkel $\varphi = \omega t$ gedreht.

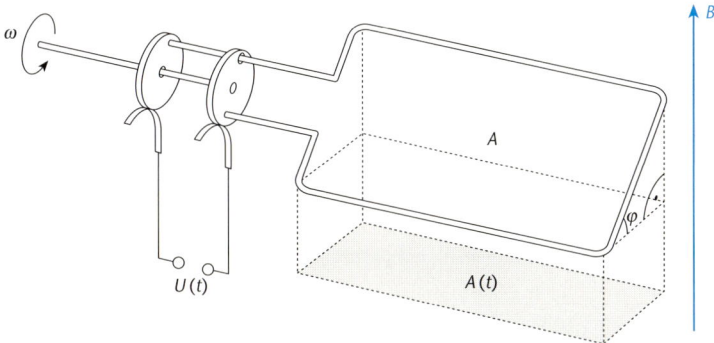

Die für den magnetischen Fluss durch die Leiterschleife wirksame Fläche ist die zum Magnetfeld senkrechte Komponente $A(t) = A \cdot \cos \omega t$ der Fläche A. Der magnetische Fluss durch die Leiterschleife ist also

$$\Phi(t) = B \cdot A(t) = B \cdot A \cdot \cos \omega t.$$

Mit dem Induktionsgesetz folgt für die in einer Spule mit N Windungen induzierte Spannung:

$$U(t) = -N \cdot \frac{\mathrm{d}}{\mathrm{d}t} \Phi(t) = -N \cdot B \cdot A \cdot \frac{\mathrm{d}}{\mathrm{d}t} \cos \omega t = -N \cdot B \cdot A \cdot (-\omega \cdot \sin \omega t)$$

$$= N \cdot B \cdot A \cdot \omega \cdot \sin \omega t = U_{\mathrm{m}} \cdot \sin \omega t$$

Durch die gleichmäßige Drehung einer Spule in einem homogenen Magnetfeld entsteht eine sinusförmige **Wechselspannung:**

$$U(t) = U_m \cdot \sin \omega t$$

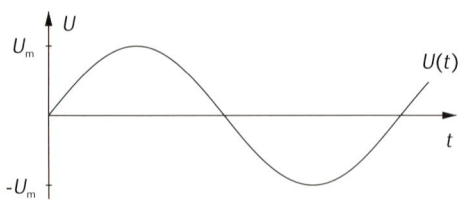

Ihr Maximalwert U_m wird als **Scheitelspannung** bezeichnet. Diese ist proportional sowohl zur Windungszahl N und zur Querschnittsfläche A der Spule als auch zur Flussdichte B des Magnetfelds und zur Winkelgeschwindigkeit ω der Drehbewegung:

$$U_m = N \cdot B \cdot A \cdot \omega$$

6.2 Ohmscher Widerstand im Wechselstromkreis

In einem Stromkreis mit dem ohmschen Widerstand R erzeugt die Wechselspannung $U(t) = U_m \cdot \sin \omega t$ den Wechselstrom:

$$I(t) = I_m \cdot \sin \omega t$$

Der Maximalwert I_m der Stromstärke heißt **Scheitelstromstärke.**

Es gilt das OHM'sche Gesetz $I_m = \dfrac{U_m}{R}$.

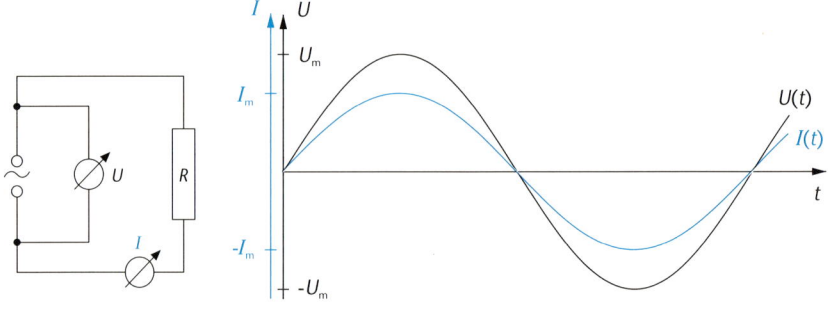

So wie beim Gleichstrom ist die Stromstärke $I(t)$ in jedem Moment proportional zur Spannung $U(t)$. Strom und Spannung sind also phasengleich.
Man sagt auch: Die Phasenverschiebung zwischen Strom und Spannung beträgt $\Delta\varphi = 0°$.

Die Beziehungen zwischen Strömen und Spannungen in Wechselstromkreisen lassen sich gut mithilfe von Zeigerdiagrammen analysieren.

> In einem **Zeigerdiagramm** wird der sinusförmige Verlauf von Wechselstrom und Wechselspannung durch Strom- und Spannungszeiger dargestellt.

Ein Zeiger dreht sich mit der Kreisfrequenz ω um seinen Anfangspunkt. Für eine volle Umdrehung benötigt er die Zeit $T = \dfrac{2\pi}{\omega}$. Die Länge des Spannungszeigers ist die Scheitelspannung U_m. Der Momentanwert der Spannung zur Zeit t_1 kann als Projektion des Zeigers auf eine lotrechte Achse gefunden werden.

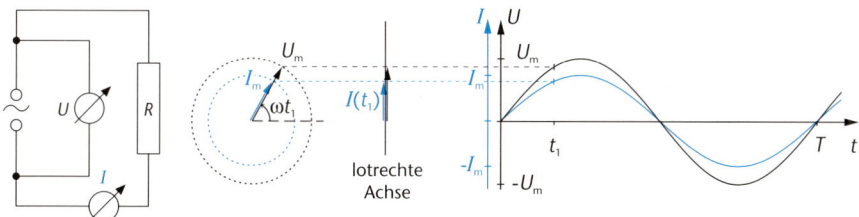

Für den Stromzeiger gilt natürlich das Entsprechende.
Die Angabe „230 V Wechselspannung" für eine Steckdose bedeutet, dass mit ihr in einem elektrischen Gerät, zum Beispiel einem Tauchsieder mit dem Widerstand 100 Ω, der gleiche Wärme„effekt" erzielt wird wie mit einer 230-V-Gleichspannungsquelle. Man sagt: der „Effektivwert" dieser Wechselspannung beträgt $U_{eff} = 230$ V.

Beim Anschluss an diese Gleichspannungsquelle fließt ein Gleichstrom der Stärke 2,30 A. Dem bei der Verbindung mit der Steckdose entstehenden Wechselstrom, der dieselbe Erwärmung bewirkt, wird die „effektive" Stromstärke $I_{eff} = 2{,}30$ A zugeordnet.

> Die **Effektivspannung** U_{eff} einer Wechselspannung ist diejenige *Gleichspannung*, die am gleichen ohmschen Widerstand die gleiche mittlere Leistung hervorbringt.
>
> Die **Effektivstromstärke** I_{eff} eines Wechselstroms ist diejenige *konstante* Stromstärke, die am gleichen ohmschen Widerstand die gleiche mittlere Leistung hervorbringt.

Wir wollen nun die Effektivstromstärke des Wechselstroms $I(t) = I_m \cdot \sin \omega t$ berechnen.

Wegen $U(t) = R \cdot I(t)$ ist die erzeugte Leistung

$$P(t) = U(t) \cdot I(t) = R \cdot (I(t))^2 =$$
$$= RI_\mathrm{m}^2 \cdot \sin^2 \omega t$$

Sie wechselt periodisch zwischen den Werten 0 und RI_m^2 hin und her. Über einen längeren Zeitraum hinweg liegt die mittlere Leistung genau zwischen diesen beiden Extremwerten:

$$\langle P \rangle = \frac{1}{2} \cdot RI_\mathrm{m}^2$$

Wird dieselbe Leistung von einem konstanten Strom I in einem Gleichstromkreis mit demselben Widerstand R aufgebracht, so beträgt diese Leistung $P = U \cdot I = R \cdot I^2$. Die Effektivstromstärke ist so definiert, dass die mittlere Wechselstromleistung $\langle P \rangle$ der Gleichstromleistung $R \cdot I_\mathrm{eff}^2$ entspricht:

$$RI_\mathrm{eff}^2 = \frac{1}{2} \cdot RI_\mathrm{m}^2$$

$$\Rightarrow \quad I_\mathrm{eff}^2 = \frac{1}{2} \cdot I_\mathrm{m}^2$$

$$\Rightarrow \quad I_\mathrm{eff} = \frac{I_\mathrm{m}}{\sqrt{2}} = 0{,}707 \cdot I_\mathrm{m}$$

Das OHM'sche Gesetz besagt: $U_\mathrm{eff} = R \cdot I_\mathrm{eff} = R \cdot \dfrac{I_\mathrm{m}}{\sqrt{2}} = \dfrac{U_\mathrm{m}}{\sqrt{2}}$

> Die Effektivwerte von Spannung und Stromstärke betragen jeweils 70,7 % der Scheitelwerte. Die exakten Formeln lauten:
>
> $$U_\mathrm{eff} = \frac{U_\mathrm{m}}{\sqrt{2}} \qquad\qquad I_\mathrm{eff} = \frac{I_\mathrm{m}}{\sqrt{2}}$$

➡ Aufgabe 6.1 Messinstrumente für Wechselspannung und Wechselstrom zeigen im Allgemeinen die Effektivwerte an.

6.3 Kondensator im Wechselstromkreis

Wird ein Kondensator mit einer Gleichspannungsquelle verbunden, so fließt kurzzeitig ein Ladestrom. Danach aber ist der Strom in der Zuleitung null, der Kondensator hat einen unendlich hohen Widerstand.
Wird er aber mit einer Wechselspannungsquelle verbunden, so fließt in der Zuleitung, bedingt durch die periodische Auf- und Entladung des Kondensators, dauernd ein Wechselstrom.

Je höher die Kapazität des Kondensators ist, desto höher ist der Strom bei jedem Ladevorgang. Je höher die Frequenz des Wechselstroms ist, desto öfter fließt im gleichen Zeitraum ein Ladestrom. Es liegt daher nahe, dass die effektive Stromstärke in der Zuleitung proportional ist zur Kapazität und zur Frequenz. Man kann zeigen, dass der Proportionalitätsfaktor sogar genau 1 ist. Daher gilt für den Kondensator im Wechselstromkreis:

$$I_{eff} = \omega C U_{eff}$$

Der Gleichstromwiderstand ist $R = \dfrac{U}{I}$. Analog wird ein Wechselstromwiderstand definiert:

Liegt an einem Kondensator der Kapazität C eine Wechselspannung mit dem Effektivwert U_{eff} und der Kreisfrequenz ω, so fließt in der Zuleitung ein Wechselstrom mit dem Effektivwert I_{eff}.
Als **kapazitiver Widerstand** X_C des Kondensators wird der Quotient

$$X_C = \frac{U_{eff}}{I_{eff}} \quad \text{definiert. Es gilt:}$$

$$X_C = \frac{1}{\omega C}$$

Strom und Spannung sind nun nicht mehr phasengleich, denn der Ladestrom muss natürlich erst mal während einer Halbperiode in eine Richtung fließen, ehe der Kondensator voll geladen ist und deshalb auch die maximale Spannung an ihm liegt.

Beim Kondensator eilt die Spannung dem Strom um 90° nach.

Dies wird besonders übersichtlich im Zeigerdiagramm dargestellt:

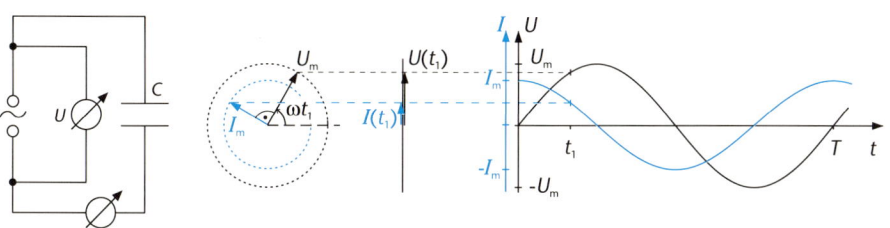

Lassen Sie sich nicht davon irritieren, dass das Maximum der Spannung im t-U-Diagramm rechts vom Maximum der Stromstärke im t-I-Diagramm liegt. Das bedeutet nicht, dass die Spannung vorauseilt. Im Gegenteil: Je weiter rechts auf der t-Achse das Maximum liegt, desto später wird es durchlaufen.

➡ **Aufgaben
6.2; 6.3**

6.4 Spule im Wechselstromkreis

Kompliziertere Dinge lassen sich oft besser begreifen, wenn wir einen Teil der Realität zunächst ausblenden, um das Grundprinzip besser erkennen zu können. Eine Spule besteht aus einem langen Draht mit vielen Windungen, der natürlich einen ohmschen Widerstand hat. Das besondere Verhalten einer Spule im Wechselstromkreis lässt sich aber besser an einer „idealen Spule" studieren, deren ohmscher Widerstand null ist.

Für eine Gleichspannungsquelle stellt eine solche „ideale Spule" einen Kurzschluss dar. Wird sie aber mit einer Wechselspannungsquelle verbunden, so sorgt ihre Selbstinduktion für eine Begrenzung der Stromstärke. Die Selbstinduktionsspannung *verzögert* jede Stromänderung.
Während sich diese Erscheinung beim Gleichstrom nur beim Ein- und Ausschalten bemerkbar macht, ist sie beim Wechselstrom dauernd wirksam.

Je höher die Induktivität der Spule und je höher die Frequenz der Wechselspannung ist, desto stärker wird der Strom begrenzt, desto höher ist also der „induktive Widerstand" der Spule.

Liegt an einer idealen Spule der Induktivität L eine Wechselspannung mit dem Effektivwert U_{eff} und der Kreisfrequenz ω, so fließt in ihr ein Wechselstrom mit dem Effektivwert I_{eff}.
Als **induktiver Widerstand** X_L der Spule wird der Quotient

$$X_L = \frac{U_{eff}}{I_{eff}} \quad \text{definiert. Es gilt:}$$

$$X_L = \omega L$$

Die Selbstinduktion bewirkt, dass der Strom der Spannung erst verzögert nachfolgt.

Bei der idealen Spule eilt der Strom der Spannung um 90° nach.

Dies zeigt sich im Zeigerdiagramm besonders deutlich:

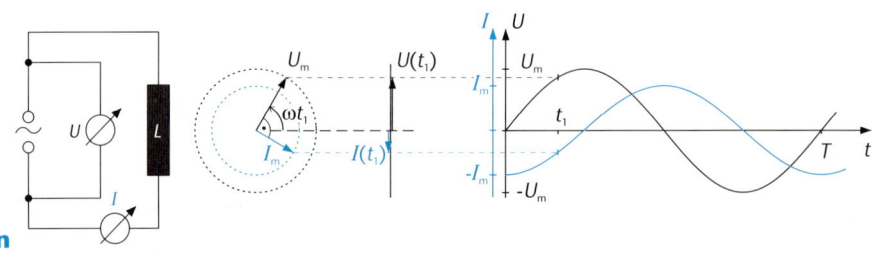

→ **Aufgaben 6.4; 6.5**

Reihen- und Parallelschaltung von Wechselstrom-widerständen   6.5

Ohmsche Widerstände, Spulen und Kondensatoren lassen sich zu verzweigten Wechselstromnetzwerken zusammenschalten. Wir wollen uns aber auf zwei in Reihe oder parallel geschaltete Bauteile beschränken.

> Bei Wechselstromschaltungen sind Zeigerdiagramme das geeignete Hilfsmittel zur Berechnung von Spannungen, Stromstärken, Widerständen und Phasenverschiebungen.

Bei der Konstruktion des Zeigerdiagramms für eine Reihenschaltung beginnt man mit dem Stromzeiger, weil der Strom in allen Bauteilen die gleiche Stärke und die gleiche Phase hat. Die Zeiger der an den einzelnen Bauteilen abfallenden Teilspannungen werden dann in ihrer Phasenlage zum Stromzeiger gezeichnet und vektoriell addiert.

Reihenschaltung

> Bei einer Reihenschaltung ergibt sich der Zeiger der Gesamtspannung durch vektorielle Addition der Zeiger der Teilspannungen.

Wie man damit den Gesamtwiderstand und die Phasenverschiebung $\Delta\varphi$ zwischen Strom und Spannung berechnet, sei am Beispiel einer Reihenschaltung von ohmschem und induktivem Widerstand erläutert:

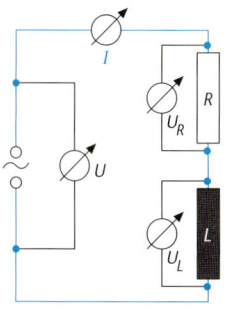 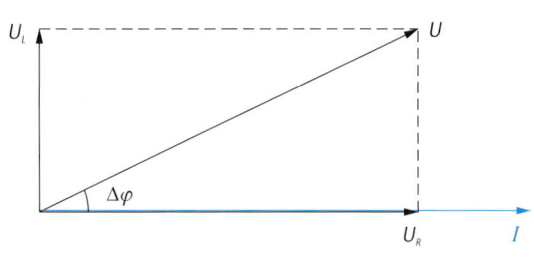

Für die Herleitung der Formeln genügt es, die Längen der Zeiger willkürlich zu wählen. Wir zeichnen zuerst einen Stromzeiger in beliebiger Richtung. Die am ohmschen Widerstand abfallende Teilspannung U_R ist mit dem Strom phasengleich. Also hat der U_R-Zeiger dieselbe Richtung wie der Stromzeiger. Die an der idealen Spule abfallende Teilspannung U_L eilt dem Strom um 90° voraus, entsprechend zeichnen wir den U_L-Zeiger. Der Zeiger der Gesamtspannung U, die von der Wechselspannungsquelle geliefert wird, ergibt sich durch Vektoraddition der Zeiger U_R und U_L.

Mit den Satz von PYTHAGORAS erhält man eine Formel für die Längen der Zeiger, also die Scheitelwerte der jeweiligen Spannungen:

$$U = \sqrt{U_R^2 + U_L^2} = \sqrt{I^2 R^2 + I^2 X_L^2} = I \cdot \sqrt{R^2 + X_L^2}$$

Der Gesamtwiderstand der Reihenschaltung ist:

$$X = \frac{U}{I} = \sqrt{R^2 + X_L^2} = \sqrt{R^2 + \omega^2 L^2}$$

Dem Zeigerdiagramm lässt sich auch noch eine Formel für die Phasenverschiebung $\Delta\varphi$ zwischen Strom und Spannung entnehmen:

$$\tan\Delta\varphi = \frac{U_L}{U_R} = \frac{I \cdot X_L}{I \cdot R} = \frac{X_L}{R} = \frac{\omega L}{R}$$

Eine *reale* Spule verhält sich ganz so, als hätte man einen ohmschen Widerstand R und eine ideale Spule mit der Induktivität L in Reihe geschaltet.
Wird an eine reale Spule, die den ohmschen Widerstand R und die Induktivität L hat, eine Wechselspannung mit der Kreisfrequenz ω gelegt, so fließt in ihr ein Wechselstrom, der durch den Widerstand $X = \sqrt{R^2 + \omega^2 L^2}$ begrenzt ist und der der Spannung um den Phasenwinkel $\Delta\varphi$ nacheilt, der durch die Formel $\tan\Delta\varphi = \dfrac{\omega L}{R}$ berechnet wird.

Parallelschaltung

Bei der Konstruktion des Zeigerdiagramms für eine Parallelschaltung beginnt man mit dem Spannungszeiger, weil an allen Bauteilen dieselbe von der Spannungsquelle vorgegebene Wechselspannung anliegt. Die Zeiger der in den einzelnen Zweigen fließenden Teilströme werden dann in ihrer Phasenlage zum Spannungszeiger gezeichnet und vektoriell addiert.

> Bei einer Parallelschaltung ergibt sich der Zeiger der Gesamtstromstärke durch vektorielle Addition der Zeiger der Teilströme.

Zur Erläuterung dient uns diesmal als Beispiel die Parallelschaltung eines Kondensators und einer idealen Spule:

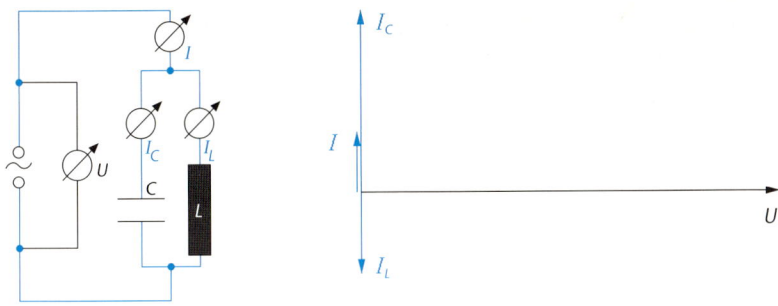

Wir zeichnen zuerst einen Spannungszeiger. Der Strom I_C im Kondensatorzweig eilt der Spannung U um 90° voraus, der Strom I_L im Spulenzweig eilt ihr um 90° nach. Entsprechend zeichnen wir den I_C- und den I_L-Zeiger. Der Zeiger der Gesamtstromstärke I in der Zuleitung ergibt sich durch Vektoraddition der beiden entgegengesetzt gerichteten Zeiger der gegenphasigen Teilströme I_C und I_L.

Falls, wie in der Zeichnung, die Stromstärke im Kondensatorzweig größer ist als im Spulenzweig, gilt für die Längen der Zeiger, also die Scheitelwerte der Stromstärken:

$$I = I_C - I_L = \frac{U}{X_C} - \frac{U}{X_L} = U \cdot \left(\frac{1}{X_C} - \frac{1}{X_L} \right)$$

Der Gesamtwiderstand der Parallelschaltung ist:

$$X = \frac{U}{I} = \frac{1}{\dfrac{1}{X_C} - \dfrac{1}{X_L}}$$

Der Strom I in der Zuleitung eilt der Spannung um 90° voraus.

Wenn die Stromstärke im Kondensatorzweig kleiner ist als im Spulenzweig, so gilt natürlich

$$I = I_L - I_C \qquad \text{und damit} \qquad X = \frac{1}{\dfrac{1}{X_L} - \dfrac{1}{X_C}} \;.$$

Dann eilt der Strom um 90° nach.

Wann ist denn aber die Stromstärke im Kondensatorzweig größer als im Spulenzweig? Natürlich dann, wenn der kapazitive Widerstand X_C des Kondensatorzweigs kleiner ist als der induktive Widerstand X_L des Spulenzweigs:

$$X_C < X_L \quad \Rightarrow \quad \frac{1}{\omega C} < \omega L \quad \Rightarrow \quad \omega^2 > \frac{1}{LC} \quad \Rightarrow \quad \omega > \frac{1}{\sqrt{LC}}$$

Die Kreisfrequenz $\omega_0 = \dfrac{1}{\sqrt{LC}}$ und damit die Frequenz $f_0 = \dfrac{1}{2\pi\sqrt{LC}}$ ist für diese Schaltung von besonderer Bedeutung:

Ist die Frequenz f der Wechselspannungsquelle größer als f_0, so überwiegt der Strom im Kondensatorzweig, ist sie kleiner als f_0, überwiegt der Strom im Spulenzweig.

Hat die Wechselspannungsquelle aber *genau* die Frequenz f_0, so haben beide Teilströmem dieselbe Stärke und heben sich wegen ihrer Gegenphasigkeit in der Zuleitung auf: $I = 0$. Der Gesamtwiderstand der Schaltung wird dann (theoretisch) unendlich groß.

Können Sie sich noch an die erzwungenen mechanischen Schwingungen des Federpendels (Band 665, Mentor Abiturhilfe „Mechanik", Kapitel 6.6) erinnern? Da war es doch ganz ähnlich: Bei einer bestimmten Frequenz wurden die Amplituden des Oszillators unendlich groß. Wir haben dies als Resonanz bezeichnet. Hier, bei der Parallelschaltung von Kondensator und Spule, sprechen wir von **Parallelresonanz**.

Die Frequenz $f_0 = \dfrac{1}{2\pi\sqrt{LC}}$ ist die **Resonanzfrequenz** dieser Schaltung.

Bei einer Reihenschaltung von Kondensator und Spule wird bei derselben Frequenz f_0 der Gesamtwiderstand null und damit die Stromstärke (theoretisch) unendlich groß. Wir sprechen dann von **Reihenresonanz**.

→ **Aufgaben 6.6 – 6.12** Diese und andere Parallel- und Reihenschaltungen können Sie durch die nachfolgenden Aufgaben kennen lernen.

6.6 Übungsaufgaben zu Kapitel 6

Aufgabe 6.1 Eine Spule mit 2000 Windungen und 25,0 cm^2 Fläche rotiert in einem homogenen Magnetfeld der Flussdichte 207 mT mit 3000 Umdrehungen pro Minute. Die Spule ist mit einem 650-Ω-Widerstand verbunden. Zur Zeit $t = 0$ wird sie vom magnetischen Fluss senkrecht durchsetzt.

a) Welche Frequenz und welche Kreisfrequenz hat die induzierte Wechselspannung?

b) Geben Sie die induzierte Spannung $U(t)$, die Stromstärke $I(t)$ und die elektrische Leistung $P(t)$ jeweils als Funktion der Zeit an.

c) Zeichnen Sie das zugehörige t-U-, t-I- und t-P-Diagramm jeweils für $0 \le t \le 20$ ms.

d) Berechnen Sie die Effektivwerte von Spannung und Stromstärke.

e) Berechnen Sie die während einer Schwingungsdauer abgegebene elektrische Energie W.

An einem Kondensator liegt eine Wechselspannung mit dem Effektiv- **Aufgabe 6.2**
wert $U_{eff} = 34$ V und der Frequenz 50 Hz. Die effektive Stromstärke beträgt
6,1 mA.

a) Welche Kapazität hat der Kondensator?

b) Berechnen Sie die Schwingungsdauer und die Scheitelwerte von Spannung und Stromstärke.

c) Zur Zeit $t_0 = 0$ ist die Spannung momentan null. Zeichnen Sie den Spannungs- und Stromzeiger für den Zeitpunkt $t_1 = 2,5$ ms.
Zeichnen Sie daneben in ein Koordinatensystem das t-U- und das t-I-Diagramm für $0 \le t \le 20$ ms.

d) Geben Sie zu den Diagrammen diejenigen Zeitabschnitte an, in denen der Kondensator geladen bzw. entladen wird.

Ein Frequenzgenerator liefert eine Wechselspannung mit dem Effektivwert **Aufgabe 6.3**
$U_{eff} = 2,20$ V und variabler Frequenz. Er wird mit einem Kondensator verbunden. Bei verschiedenen Frequenzen f werden folgende Werte der Effektivstromstärke I_{eff} gemessen:

f in Hz	500	1 000	1 500	2 000	2 500	3 000
I_{eff} in mA	0,112	0,224	0,336	0,448	0,560	0,672

a) Berechnen Sie für die gegebenen Frequenzen jeweils den kapazitiven Widerstand X_C.
Zeichnen Sie das f-X_C-Diagramm.

b) Zeigen Sie, dass der kapazitive Widerstand X_C umgekehrt proportional zur Frequenz f ist, indem sie für alle Messwerte das Produkt $X_C \cdot f$ berechnen. Geben Sie X_C als Funktion von f an.

c) Berechnen Sie die Kapazität des Kondensators.

Die sinusförmige Netzwechselspannung ($U_{eff} = 230$ V; $f = 50$ Hz) ruft in einer **Aufgabe 6.4**
idealen Spule die effektive Stromstärke 1,60 A hervor.

a) Welche Induktivität hat die Spule?

b) Berechnen Sie die Schwingungsdauer und die Scheitelwerte von Spannung und Stromstärke.

c) Zur Zeit $t_0 = 0$ ist die Spannung momentan null, danach wird sie zunächst positiv.
Zeichnen Sie den Spannungs- und den Stromzeiger für den Zeitpunkt $t_1 = 2,5$ ms.
Zeichnen Sie daneben in ein Koordinatensystem das t-U- und das t-I-Diagramm für $0 \le t \le 20$ ms.

→

d) Geben Sie zu den Diagrammen diejenigen Zeitabschnitte an, in denen das Magnetfeld in der Spule auf- bzw. abgebaut wird.

Hinweis:
In den Zeitabschnitten, in denen das Magnetfeld aufgebaut wird, gibt die Spannungsquelle Energie an die Spule ab. In den Zeitabschnitten, in denen das Magnetfeld abgebaut wird, nimmt sie Energie aus der Spule auf.

Aufgabe 6.5 Ein Frequenzgenerator liefert eine Wechselspannung mit dem Effektivwert $U_{eff} = 2{,}50$ V und variabler Frequenz. Er wird mit einer Spule verbunden, deren ohmscher Widerstand zu vernachlässigen ist.
Bei verschiedenen Frequenzen f werden folgende Werte der Effektivstromstärke I_{eff} gemessen:

f in Hz	1000	1500	2000	2500	3000
I_{eff} in mA	0,568	0,379	0,284	0,227	0,189

a) Berechnen Sie für die gegebenen Frequenzen jeweils den induktiven Widerstand X_L.
Zeichnen Sie das f-X_L-Diagramm.

b) Ermitteln Sie aus dem Diagramm eine Gleichung für X_L als Funktion von f. Was stellt der in der Gleichung auftretende Proportionalitätsfaktor dar?

c) Berechnen Sie die Induktivität der Spule.

Aufgabe 6.6 In einem schwarzen Kasten befindet sich eine der vier skizzierten Schaltungen:

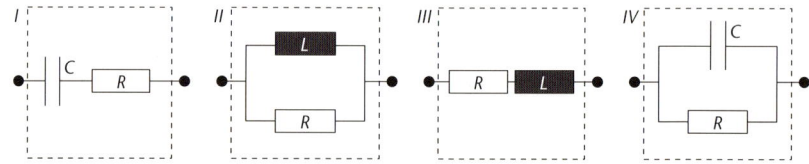

Die Spulen in Schaltung II und III sind ideale Spulen.

Folgende Versuchsergebnisse sind bekannt:

• Legt man an die Schaltung eine Gleichspannung, so misst man den Gesamtwiderstand 100 Ω.
• Legt man an die Schaltung eine Wechselspannung mit 50 Hz, so misst man den Gesamtwiderstand 70 Ω.

Begründen Sie (ohne Rechnung) für jede der vier Schaltungen, warum sie infrage bzw. nicht infrage kommt.

Wird an eine reale Spule die Gleichspannung $U_0 = 20$ V gelegt, so fließt in ihr **** ein Strom der Stromstärke $I_0 = 0{,}20$ A. Wird dieselbe Spule mit einer Wechselspannungsquelle verbunden, die bei der Frequenz $f = 50$ Hz die Effektivspannung $U_{eff} = 25$ V liefert, so beträgt die Effektivstromstärke $I_{eff} = 0{,}22$ A.

a) Welchen ohmschen Widerstand R hat die Spule?

b) Berechnen Sie unter Verwendung eines Spannungszeiger-Diagramms die Induktivität der Spule.

c) Welche Phasenverschiebung besteht bei der Frequenz 50 Hz zwischen Strom und Spannung?

d) Berechnen Sie den induktiven Widerstand, den Gesamtwiderstand und die Phasenverschiebung zwischen Strom und Spannung für die Frequenzen $f_1 = 1{,}0$ Hz, $f_2 = f = 50$ Hz und $f_3 = 1{,}0$ kHz.

Die Reihenschaltung eines ohmschen Widerstands R und eines Kondensators der Kapazität C ist mit einem Frequenzgenerator verbunden, der eine Wechselspannung mit dem Effektivwert U und der variablen Frequenz f liefert.

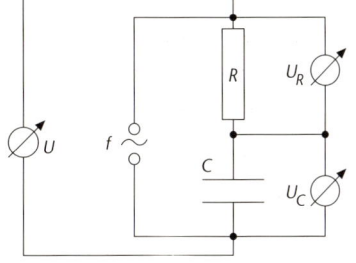

****

a) Zeichnen Sie ein schematisches Spannungszeiger-Diagramm.

Leiten Sie daraus Formeln her für den Wechselstromwiderstand X der Schaltung, die Effektivstromstärke I in der Zuleitung und den Tangens der Phasenverschiebung $\tan \Delta\varphi$ zwischen Strom und Spannung. Die Formeln sollen ausschließlich die Größen R, C, U und f enthalten.

b) Leiten Sie für die am ohmschen Widerstand abfallende Effektivspannung U_R und die am Kondensator abfallende Effektivspannung U_C folgende Formeln her:

$$U_R = \frac{U}{\sqrt{1 + \dfrac{1}{(2\pi f RC)^2}}} \qquad U_C = \frac{U}{\sqrt{(2\pi f RC)^2 + 1}}$$

c) Es ist nun eine Schaltung gegeben mit $R = 120$ kΩ, $C = 10$ nF und $U = 100$ V. Fertigen Sie eine Wertetabelle an, die für die Frequenzen 1 Hz, 100 Hz, 200 Hz und 500 Hz jeweils U_R und U_C angibt.
Stellen Sie U_R und U_C in einem f-U-Diagramm dar.

Aufgabe 6.9   Eine Wechselspannungsquelle hat die effektive Spannung $U = 12{,}5$ V und die Frequenz $f = 960$ Hz. Sie ist verbunden mit einem Kondensator der Kapazität $C = 450$ nF und einem zu ihm parallel geschalteten ohmschen Widerstand R. Die effektive Gesamtstromstärke in der Zuleitung ist $I = 45{,}0$ mA. Welchen Wert hat der ohmsche Widerstand R? Welche Phasenverschiebung herrscht zwischen Strom und Spannung?

Aufgabe 6.10   Eine Wechselspannungsquelle variabler Frequenz ist verbunden mit der Reihenschaltung einer idealen Spule der Induktivität 0,15 H und eines Kondensators der Kapazität 60 nF.

a) Berechnen Sie anhand eines schematischen Spannungszeiger-Diagramms den Gesamtwiderstand X der Reihenschaltung in Abhängigkeit von der Frequenz f.

b) Berechnen Sie die Resonanzfrequenz f_0.

c) Berechnen Sie den Gesamtwiderstand X für die Frequenzen 1,0 kHz, 1,5 kHz, 2,0 kHz und 3,0 kHz.
Zeichnen Sie das f-X-Diagramm.

d) Erläutern Sie, warum eine LC-Reihenschaltung als „Siebkette" bezeichnet wird.

e) Für die Frequenz $f_1 = 1{,}0$ kHz soll die Reihenschaltung durch ein einziges Bauteil mit genau denselben Eigenschaften ersetzt werden.
Um welches Bauteil handelt es sich?
Lösungshinweis: Untersuchen Sie die Phasenlage von Strom und Spannung in dieser Reihenschaltung.

f) Beantworten Sie dieselbe Frage für die Frequenz $f_2 = 3{,}0$ kHz.

Aufgabe 6.11   An die Wechselspannung $U(t) = 6{,}0$ V $\cdot \sin \omega t$ wird eine Parallelschaltung einer idealen Spule mit der Induktivität 40 mH und eines Kondensators mit der Kapazität C angeschlossen.
Die Scheitelstromstärke im Spulenzweig beträgt 6,0 mA, die Effektivstromstärke in der Zuleitung zur Parallelschaltung ist 2,55 mA. Der Zuleitungsstrom eilt der angelegten Spannung um 90° nach.

a) Ermitteln Sie mithilfe eines Zeigerdiagramms den Scheitelwert der Stromstärke im Kondensatorzweig.

b) Berechnen Sie die Kreisfrequenz der angelegten Wechselspannung und die Kapazität des verwendeten Kondensators.

c) Wie groß ist die Ladung des Kondensators zu dem Zeitpunkt, in dem die Stromstärke in der Zuleitung erstmals den Wert $-2{,}0$ mA hat?

Eine ideale Spule mit der Induktivität 127 mH und ein Kondensator werden parallel an eine Wechselspannung mit konstantem Effektivwert und variabler Frequenz angelegt.
Die effektive Stromstärke in der Zuleitung wird in Abhängigkeit von der Frequenz wie skizziert gemessen:

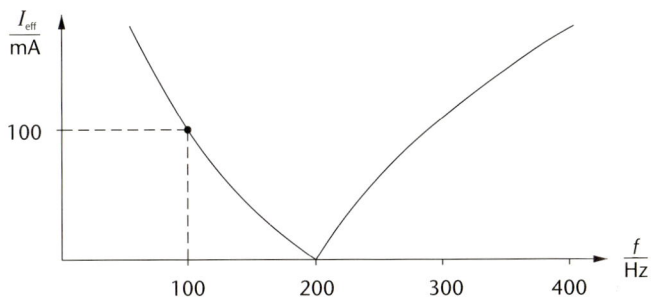

a) Begründen Sie mithilfe eines Zeigerdiagramms, dass für die effektive Stromstärke in der Zuleitung gilt: $I_{eff} = |I_{eff\,C} - I_{eff\,L}|$
Erklären Sie den Verlauf des Graphen.

b) Erläutern Sie, warum eine LC-Parallelschaltung als „Sperrkreis" bezeichnet wird.

c) Berechnen Sie mit Werten, die Sie dem obigem Diagramm entnehmen, die Kapazität des Kondensators.

d) Leiten Sie eine Formel für den Gesamtwiderstand X der Parallelschaltung in Abhängigkeit von der Frequenz f her.

e) Berechnen Sie mit einem Messwertepaar aus dem obigen Diagramm den Effektivwert der angelegten Wechselspannung.

7. Elektromagnetische Schwingungen und Wellen

7.1 Der Schwingkreis

Die Resonanz bei einer Parallelschaltung von Kondensator und idealer Spule hat uns an die erzwungene Schwingung eines Federpendels erinnert. Der Vergleich lässt sich noch ausweiten.

Wird ein Federpendel ausgelenkt, so wird ihm potenzielle Energie zugeführt. Wird es danach sich selbst überlassen, so führt es eine freie Schwingung mit seiner Eigenfrequenz durch. Nichts anderes passiert in einem „elektromagnetischen Schwingkreis".

> Ein Kondensator und eine Spule, die miteinander in der dargestellten Weise verbunden sind, bilden einen **elektromagnetischen Schwingkreis.**

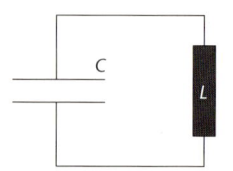

Wir wollen das Entstehen der freien Schwingung im Schwingkreis aus Kondensator und idealer Spule schön der Reihe nach in seinen einzelnen Phasen verfolgen:

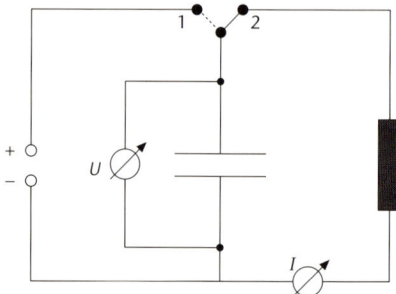

Der Kondensator wird zunächst in Schalterstellung 1 an einer Gleichspannungsquelle aufgeladen. Energie der Spannungsquelle wird in Energie des elektrischen Feldes im Kondensator umgewandelt.

Bringt man nun den Schalter in Stellung 2, so entlädt sich der Kondensator. Die Energie seines elektrischen Feldes treibt einen Strom durch die Spule.

In dem Moment, in dem der Kondensator ganz entladen ist, erreicht die Stromstärke in der Spule ihren größten Wert; die Energie des elektrischen Feldes ist vollständig in Energie des Magnetfelds der Spule umgewandelt worden.

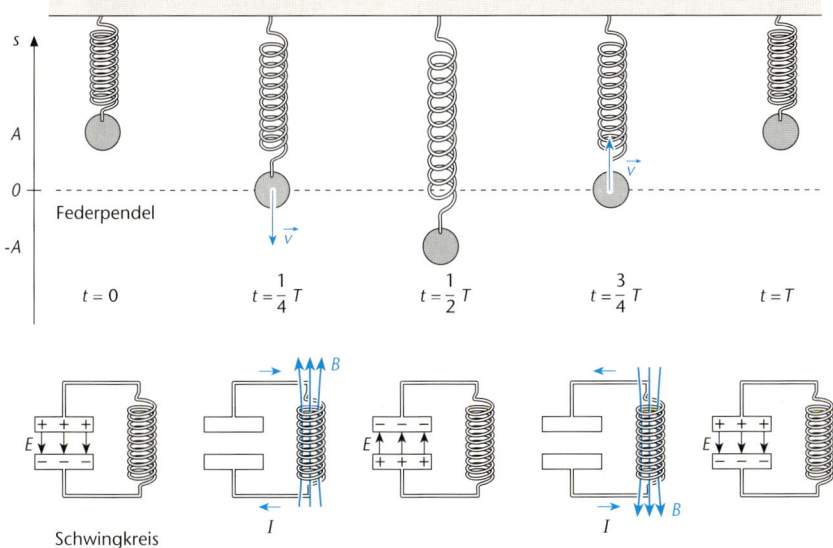

Federpendel

$t = 0$ $t = \frac{1}{4}T$ $t = \frac{1}{2}T$ $t = \frac{3}{4}T$ $t = T$

Schwingkreis

Der entladene Kondensator kann den Strom nun nicht mehr antreiben. Kommt der Strom also plötzlich zum Erliegen?

Wir haben gelernt, dass die Selbstinduktion beim Ausschalten des Stroms in einer Spule das Zurückgehen auf null verzögert. So auch hier: Der Strom fließt, angetrieben durch die Selbstinduktionsspannung, noch eine Zeit lang in gleicher Richtung weiter. Somit wird der Kondensator erneut aufgeladen, allerdings nun mit entgegengesetzter Polung. Dabei wird wieder die Energie des Magnetfelds in Energie des elektrischen Feldes umgewandelt.

In dem Moment, in dem die Stromstärke auf null abgesunken ist, erreicht die Ladung des Kondensators wieder ihren anfänglichen Maximalwert, allerdings bei entgegengesetzter Polung.

Darauf wiederholt sich der gesamte Vorgang in umgekehrter Richtung.

> Die im Schwingkreis stattfindende periodische Energieumwandlung zwischen der Energie des elektrischen Feldes im Kondensator und der Energie des magnetischen Feldes in der Spule stellt eine **elektromagnetische Schwingung** dar.

Ein Schwingkreis mit idealer Spule schwingt ungedämpft. Die Schwingungsdauer ist leicht zu berechnen:

Der Strom, der mit der Stromstärke I_{eff} durch die Spule fließt, ist ja auch der Strom in der Zuleitung zum Kondensator. Die obere Kondensatorplatte ist direkt mit dem oberen Spulenende verbunden, deshalb haben beide das gleiche Potenzial. Dasselbe gilt für die untere Platte und das untere Spulenende. Also liegt ein und dieselbe Spannung U_{eff} am Kondensator und der Spule.

Für die Spannung am Kondensator gilt: $\quad U_{eff} = \dfrac{1}{\omega C} \cdot I_{eff}$

Für die Spannung an der Spule gilt: $\quad U_{eff} = \omega L \cdot I_{eff}$

Man erkennt, dass die beiden Spannungen nur dann gleich sein können, wenn

$$\omega L = \dfrac{1}{\omega C} \quad \Rightarrow \quad \omega^2 = \dfrac{1}{LC} \quad \Rightarrow \quad \omega = \dfrac{1}{\sqrt{LC}} \quad \Rightarrow \quad f = \dfrac{1}{2\pi\sqrt{LC}}$$

Zwischen der **Eigenfrequenz** f des Schwingkreises und der Schwingungsdauer T besteht der Zusammenhang $T = \dfrac{1}{f}$.

> Die **Schwingungsdauer** des elektromagnetischen Schwingkreises beträgt:
>
> $$T = 2\pi\sqrt{LC} \qquad \text{(Thomson'sche Gleichung)}$$

Der Scheitelwert U_m der Spannung ist natürlich der Spannungswert, den der Kondensator anfänglich von der Gleichspannungsquelle übernommen hat. Die maximale Ladung des Kondensators beträgt $Q_m = C \cdot U_m$.

Wird der Schalter in unserem elektromagnetischen Schwingkreis zur Zeit $t = 0$ in Stellung 2 gebracht, so gilt für den zeitlichen Verlauf von Spannung und Ladung $\quad U = U_m \cdot \cos\omega t \quad$ und $\quad Q = Q_m \cdot \cos\omega t$.

Die Scheitelstromstärke lässt sich aus dem Energieerhaltungssatz herleiten: Zur Zeit $t = 0$ beträgt die Energie des elektrischen Feldes im Kondensator $\dfrac{1}{2}CU_m^2$. In dem Moment, in dem sie vollständig in Energie des magnetischen Feldes der Spule umgewandelt worden ist, erreicht die Stromstärke ihren Scheitelwert I_m. Mit dem Energieerhaltungssatz erhalten wir:

$$\frac{1}{2}LI_m^2 = \frac{1}{2}CU_m^2 \quad \Rightarrow \quad I_m = \sqrt{\frac{C}{L}} \cdot U_m$$

Für den zeitlichen Verlauf der Stromstärke gilt: $I = I_m \cdot \sin\omega t$

Die Energie des elektrischen Feldes im Kondensator ist:

$$W_e = \frac{1}{2}CU^2 = \frac{1}{2}CU_m^2\cos^2\omega t$$

Die Energie des magnetischen Feldes in der Spule ist:

$$W_m = \frac{1}{2}LI^2 = \frac{1}{2}LI_m^2\sin^2\omega t$$

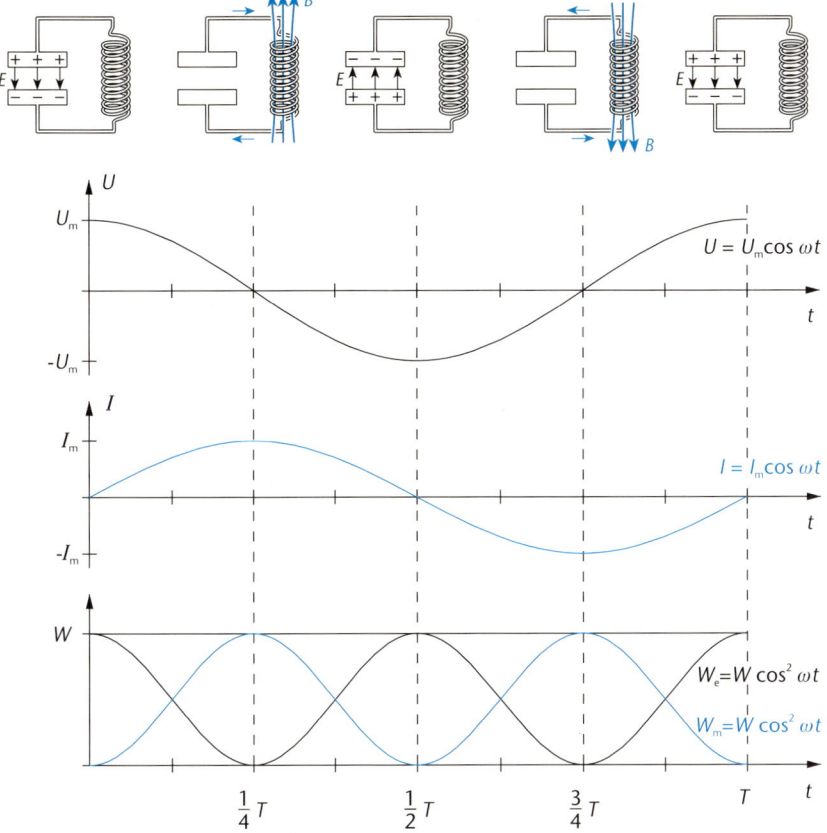

Die im Schwingkreis gespeicherte Gesamtenergie $W = W_e + W_m$ ist nach dem Energieerhaltungssatz konstant.

In dem Moment, in dem die Kondensatorspannung maximal ist, gilt

$$W = \frac{1}{2}\, CU_m^2$$

In dem Moment, in dem der Spulenstrom maximal ist, gilt

$$W = \frac{1}{2}\, LI_m^2$$

➡ **Aufgaben**
7.1 – 7.4

Erzeugung ungedämpfter elektromagnetischer Schwingungen 7.2

Die elektromagnetische Schwingung lässt sich sehr gut mit der mechanischen Schwingung eines Federpendels vergleichen. Im Schwingkreis werden die Energien des elektrischen und des magnetischen Feldes in gleicher Weise ineinander umgewandelt wie beim Federpendel Spannenergie und kinetische Energie.
Die Elektronen schwingen zwischen den Kondensatorplatten ähnlich hin und her wie der Pendelkörper beim Federpendel. Bei einem realen Schwing-

kreis lässt der ohmsche Widerstand der Spule diese Ladungsbewegung allerdings allmählich abklingen. Wie durch die Reibung beim Federpendel wird dabei Schwingungsenergie in Wärme umgewandelt.

Die Amplitude von Spannung und Strom wird mit der Zeit geringer, die reale elektromagnetische Schwingung ist gedämpft.

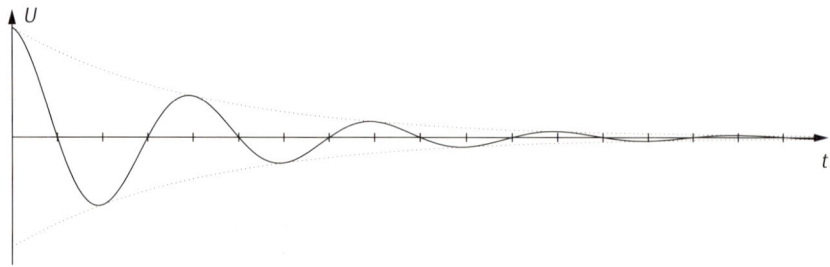

Soll eine ungedämpfte Schwingung aufrechterhalten werden, muss dem Schwingkreis die durch Wärmeverluste entzogene Energie von außen wieder zugeführt werden. Als Energiereservoir dient eine Gleichspannungsquelle.
Allerdings muss dafür gesorgt sein, dass die Verbindung immer dann unterbrochen ist, wenn die mit dem Pluspol der Spannungsquelle verbundene Kondensatorplatte durch die Schwingung gerade negativ geladen wird. Sonst würde ja dem Schwingkreis zusätzlich Energie entzogen.

Bei den hohen Eigenfrequenzen, die Schwingkreise gewöhnlich haben, kann nur die Schwingkreisschwingung selbst die Verbindung Spannungsquelle–Schwingkreis stets im richtigen Moment unterbrechen.

> Die Steuerung der Energiezufuhr eines Schwingkreises durch die Schwingkreisschwingung selbst wird als **Rückkopplung** bezeichnet.

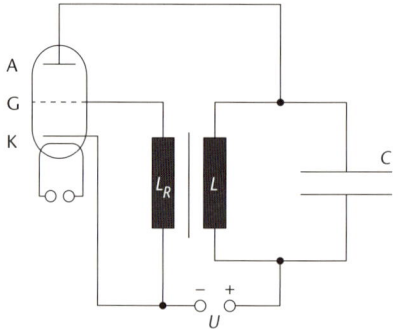

Eine geeignete Schaltung für diese Rückkopplung ist die **MEISSNER-Schaltung:**

Die Schaltung enthält außer der Spannungsquelle U und dem aus Kondensator C und Spule L bestehenden Schwingkreis zur Steuerung der Energiezufuhr eine Rückkopplungsspule L_R und eine Triode. Das ist eine Vakuumröhre, die neben der negativen Kathode K und der positiven Anode A noch ein Gitter G enthält.

Schwingkreisspule und Rückkopplungsspule befinden sich gemeinsam auf einem geschlossenen Eisenkern. Der durch die Schwingkreisspule fließende Schwingkreisstrom induziert deshalb in der Rückkopplungsspule eine mit der Eigenfrequenz des Schwingkreises *wechselnde* Spannung.

Diese Spannung tritt an den Enden der Rückkopplungsspule und damit zwischen dem Gitter und der Kathode auf. Sie steuert den Elektronenstrom von der Kathode zur Anode und damit die Energiezufuhr zum Schwingkreis; denn wenn das Gitter gegenüber der Kathode negativ geladen ist, werden die aus der Kathode austretenden Elektronen zurückgestoßen und der Strom damit unterbrochen.

Zusammenfassend lässt sich sagen:

> Mit der MEISSNER-Schaltung steuert sich der Schwingkreis selbst über die Rückkopplungsspule so, dass die Triode stets im richtigen Zeitabschnitt leitend wird. Dabei wird dem Schwingkreis Energie zugeführt, mit der die Verluste durch den ohmschen Widerstand des Schwingkreises ausgeglichen werden. Der Schwingkreis führt eine ungedämpfte elektromagnetische Schwingung aus.

Der Dipol 7.3

Will man einen Schwingkreis mit hoher Eigenfrequenz herstellen, muss man für geringe Kapazität und Induktivität sorgen, also die Plattenfläche des Kondensators und die Windungszahl der Spule so klein wie möglich machen. Wir stellen uns vor, wir würden den Kondensator aufbiegen, seine Platten zu Punkten zusammenschrumpfen und die Spulenwindungen ganz verschwinden lassen:

Wir erhalten einen Metallstab, in dem ein hochfrequenter Wechselstrom fließt. Während beim bisherigen „geschlossenen Schwingkreis" das elektri-

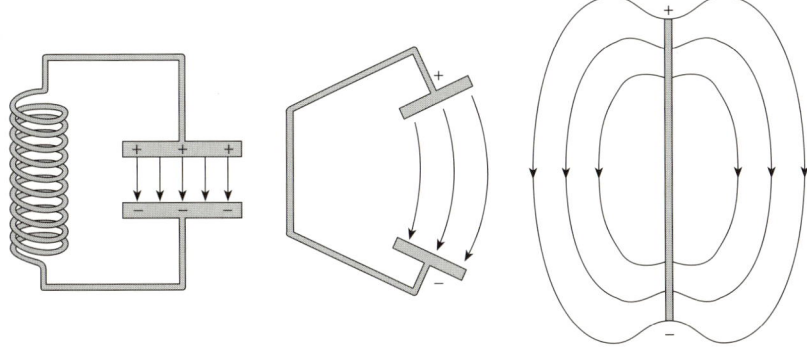

sche Feld auf den Kondensator und das magnetische Feld auf die Spule beschränkt war, reichen nun beide Felder weit in den umgebenden Raum hinaus. Wir haben einen „offenen Schwingkreis" erhalten.

> Einen Metallstab, in dem eine hochfrequente elektromagnetische Schwingung stattfindet, nennt man „Dipolantenne" oder kurz „**Dipol**". Er stellt einen **offenen elektromagnetischen Schwingkreis** dar.

Um die Schwingung aufrechtzuerhalten, muss ständig Energie zugeführt werden. Deshalb stellt man den Dipol neben einen rückgekoppelten ungedämpften Schwingkreis mit der gleichen Eigenfrequenz. Das hochfrequente Magnetfeld dieses Schwingkreises induziert dann die Ladungsschwingungen im Dipol. Man sagt deshalb: Der Dipol ist an den ungedämpften Schwingkreis „induktiv gekoppelt".

Bei der Grundschwingung des Dipols schwingen die Elektronen in der Dipolmitte mit großer Amplitude hin und her. Sie erreichen dabei hohe Geschwindigkeiten. Direkt an den Dipolenden dagegen können sie sich gar nicht bewegen. Dort entsteht durch die hin und her schwingenden Elektronen abwechselnd Elektronenmangel und Elektronenüberschuss. Wenn beide Dipolenden unterschiedlich geladen sind, herrscht Spannung zwischen ihnen. Die Stromstärke im Dipol ist proportional zur Geschwindigkeit der Elektronen. An den Enden des Dipols ist die Stromstärke immer null, in der Mitte schwingt sie sinusförmig mit maximaler Amplitude.

Feldverteilung in der Umgebung des Dipols:

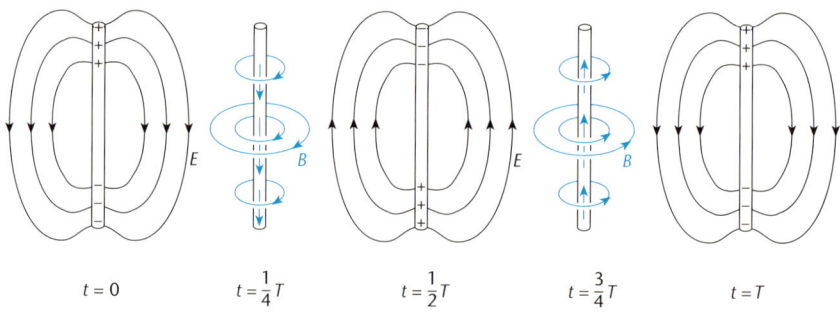

$t = 0$ $\qquad$ $t = \frac{1}{4}T$ $\qquad$ $t = \frac{1}{2}T$ $\qquad$ $t = \frac{3}{4}T$ $\qquad$ $t = T$

Strom- und Spannungsverteilung im Dipol:

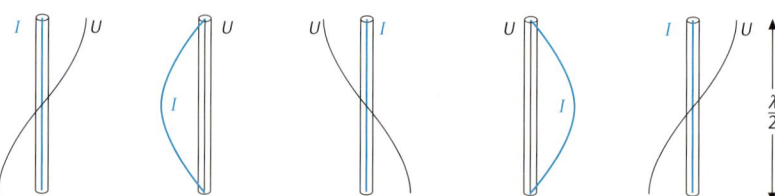

Die Spannungs- und Stromverteilung am Dipol lässt sich als stehende elektromagnetische Welle auffassen, deren Wellenlänge λ doppelt so groß ist wie der Abstand zweier benachbarter Schwingungsknoten. An den Enden des Dipols befinden sich immer ein Stromknoten und ein Spannungsbauch.

> Auf einem Dipol der Länge l bildet sich eine stehende elektromagnetische Welle der Wellenlänge λ.
>
> Für die Grundschwingung gilt: $l = \dfrac{\lambda}{2}$

Elektromagnetische Wellen eines strahlenden Dipols

7.4

Das Bedeutsame beim Dipol sind aber nicht die stehenden Wellen. Es ist vielmehr eine Erscheinung, die der theoretische Physiker JAMES CLERK MAXWELL 1856 vorhersagte und die dann 30 Jahre später durch HEINRICH HERTZ erstmals experimentell nachgewiesen wurde:

> Ein schwingender Dipol strahlt Energie in Form **elektromagnetischer Wellen** in den umgebenden Raum ab. Die Ausbreitungsgeschwindigkeit dieser Wellen ist die **Lichtgeschwindigkeit** $c = 3{,}00 \cdot 10^8\ \mathrm{m\,s^{-1}}$.
>
> Der Wellenlänge der stehenden Welle und der Eigenfrequenz des Dipols entsprechen die Wellenlänge λ und die Frequenz f der abgestrahlten elektromagnetischen Welle.
>
> Es gilt: $c = \lambda \cdot f$

→ Aufgabe 7.3

„Soll ich mir unter einer elektromagnetischen Welle so was wie eine Seilwelle vorstellen?", werden Sie vielleicht fragen. Nicht ganz. Die einzelnen Punkte des Seils bilden eine Kette gekoppelter Oszillatoren. Wird der erste Oszillator in Schwingung versetzt, so überträgt sich diese von Nachbar zu Nachbar weiter.

Da eine elektromagnetische Welle sich auch im Vakuum ausbreitet, kann sie gar keinen Wellenträger haben. In einem von ihr erfassten Raumpunkt schwingt bestimmt kein materieller Oszillator. Nur die Vektoren der elektrischen und der magnetischen Feldstärke führen harmonische Schwingungen mit hoher Frequenz aus.

Ein sich rasch änderndes elektrisches Feld umgibt sich ringförmig mit magnetischen Feldlinien. Dieses Magnetfeld ändert sich mit gleicher Frequenz und umgibt sich seinerseits ringförmig mit einem elektrischen Feld. Diese Kette elektrischer und magnetischer Felder löst sich vom Dipol ab und bewegt sich mit Lichtgeschwindigkeit von ihm weg.

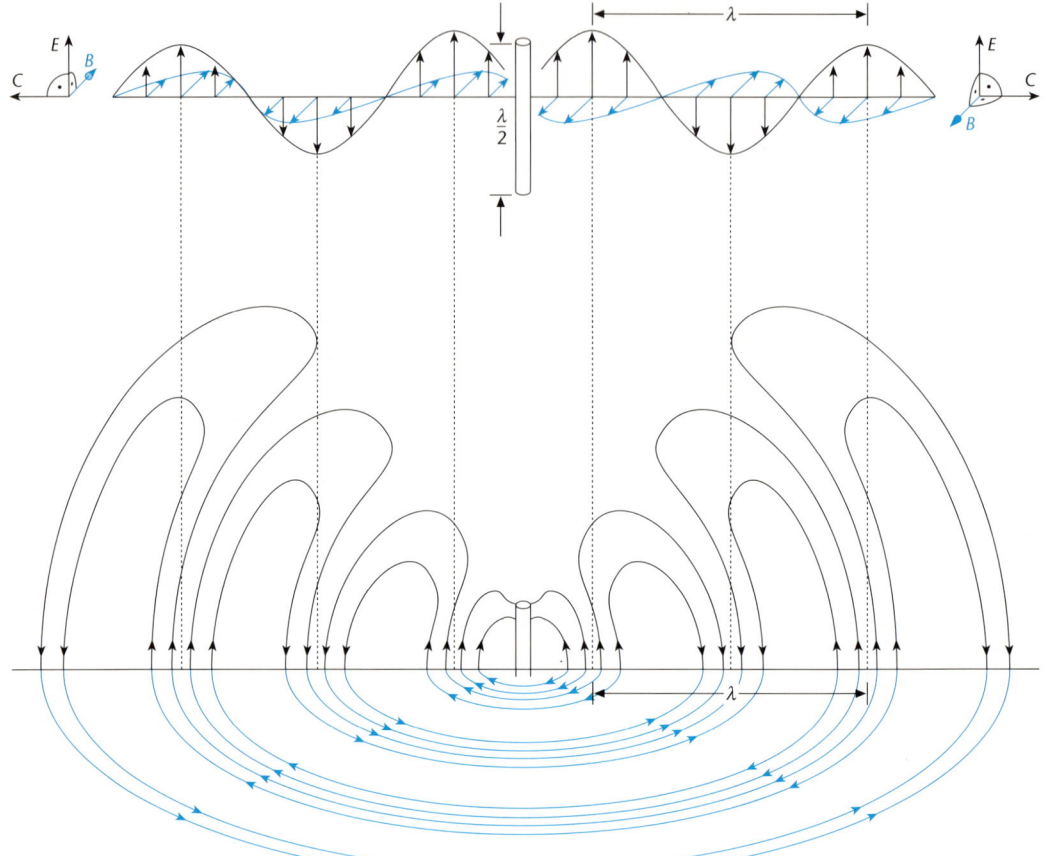

Die Energie wird vorwiegend senkrecht zur Dipolrichtung abgestrahlt, während in Dipolrichtung keine elektromagnetische Welle ausgesendet wird. Das erkennt man in der Abbildung daran, dass es oberhalb des Dipols keine Feldlinien gibt.

Die elektromagnetische Welle lässt sich noch in großer Entfernung vom Sendedipol durch einen zweiten Dipol gleicher Länge nachweisen, denn das elektrische Wechselfeld regt die Ladungen in diesem Empfangsdipol zu Schwingungen an. – Durch elektromagnetische Wellen ist also ein drahtloser Energietransport möglich!

Die Wellenlängen der von einem Dipol abgestrahlten Radiowellen können nicht kürzer als etwa 10 cm sein, denn Kapazität und Induktivität der Schwingkreisschaltung, an die der Dipol gekoppelt ist, lassen sich einfach nicht beliebig klein machen. Mit andersartigen Sendern kann man aber elektromagnetische Wellen mit noch weit geringeren Wellenlängen erzeugen.
Mit abnehmender Wellenlänge schließen aneinander an: Radiowellen (Dipolstrahlung), Mikrowellen, infrarotes Licht, sichtbares Licht, ultraviolettes Licht, Röntgenstrahlung und Gammastrahlung. Man spricht von einem „elektromagnetischen Spektrum".

Interferenz

Bei elektromagnetischen Wellen lassen sich all die Erscheinungen beobachten, die für mechanische Wellen bereits in Kapitel 7 der Mentor Abiturhilfe „Mechanik" beschrieben worden sind.

Schulversuche zur Ausbreitung von elektromagnetischen Wellen werden gern mit Mikrowellen im Zentimeterbereich durchgeführt. Man benötigt dann nicht so unhandlich große Aufbauten wie bei der Dipolstrahlung.

Treffen Mikrowellen auf einen schmalen Spalt zwischen zwei Metallplatten, so breiten sie sich nach dem HUYGENS'schen Prinzip von dort mit nahezu gleicher Intensität in alle Richtungen aus.
Zwei parallele schmale Spalte in geringem Abstand bilden einen Doppelspalt. Treffen Mikrowellen auf einen Doppelspalt, so wird hinter ihm ein Interferenzfeld nachgewiesen: Es treten abwechselnd Maxima und Minima des Empfangs auf.

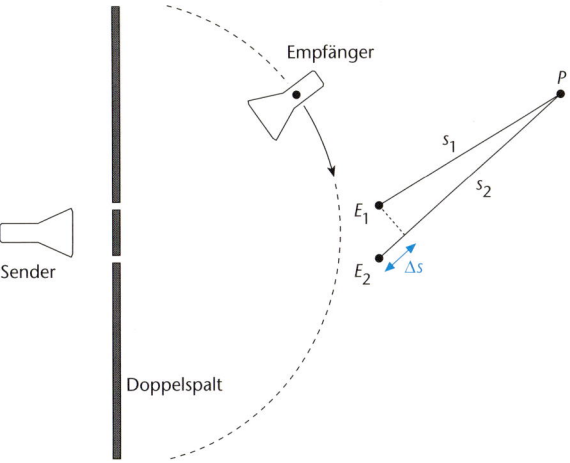

Das Versuchsergebnis lässt sich nur mit dem Wellenmodell deuten:
Durch die vom Sender eintreffenden ebenen Wellenfronten werden in beiden Spalten gleichphasige elektromagnetische Schwingungen hervorgerufen. Somit entstehen zwei elektromagnetische Wellen, die miteinander interferieren. Der Empfänger registriert eine elektromagnetische Welle, deren Intensität abhängt von der Differenz Δs der Entfernungen des Empfängers von den beiden Spalten.
$\Delta s = |s_2 - s_1|$ wird als **Gangunterschied** bezeichnet.

Punkte, die die Bedingung für konstruktive Interferenz

$$\Delta s = k \cdot \lambda \qquad \text{mit} \quad k = 0; 1; 2; 3; \ldots$$

erfüllen, bilden das **Interferenzmaximum** k-ter Ordnung.

Punkte, die die Bedingung für destruktive Interferenz

$$\Delta s = (2k - 1) \cdot \frac{\lambda}{2} \qquad \text{mit } k = 1; 2; 3; \ldots$$

erfüllen, bilden das **Interferenzminimum** k-ter Ordnung.

Der Gangunterschied kann natürlich nirgends größer sein als der Abstand b der beiden Spalte. Die Bedingung $\Delta s \leq b$ bestimmt eine Obergrenze für die Ordnungszahl k.

Mit einem Doppelspaltversuch lässt sich die Wellenlänge λ einer elektromagnetischen Welle messen. Wenn aber die Entfernung des Empfängers vom Doppelspalt groß und der Abstand b der beiden Spalte vergleichsweise gering ist, so ist der Unterschied zwischen den beiden Entfernungen s_2 und s_1 so gering, dass sich die Differenz $s_2 - s_1$ gar nicht verlässlich bestimmen lässt. Man misst stattdessen besser die in der Skizze bezeichneten Entfernungen a und d.

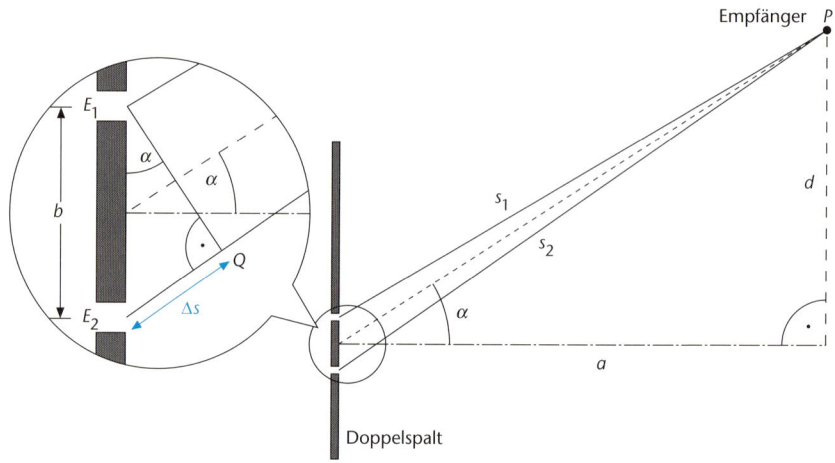

Aus $\tan \alpha = \dfrac{d}{a}$ lässt sich der Winkel α berechnen.

Der Gangunterschied Δs wird konstruiert, indem man einen Kreisbogen um P mit dem Radius $\overline{PE_1}$ zeichnet. Weil $\overline{PE_1}$ viel größer als $\overline{E_1E_2}$ ist, wird dieser Kreisbogen nahezu eine Gerade, die auf PE_2 senkrecht steht. Das kleine Dreieck E_1E_2Q ist dann dem großen Dreieck mit den Seiten a und d ähnlich, weshalb $\sphericalangle E_2E_1Q = \alpha$ ist. Somit ergibt sich aus dem kleinen Dreieck der Gangunterschied:

Alle Punkte, die sich in der durch den Winkel α bestimmten Richtung in großer Entfernung von einem Doppelspalt mit dem Spaltabstand b befinden, haben den Gangunterschied:

$$\Delta s = b \cdot \sin \alpha$$

Hat man den Winkel α festgestellt, unter dem das Maximum 1. Ordnung auftritt, so ist daraus die Wellenlänge $\lambda = \Delta s$ zu berechnen.

Die Frage nach der Natur des Lichts führte zu einem Streit zwischen den bedeutendsten Naturwissenschaftlern des 17. Jahrhunderts. Isaac Newton vertrat die Auffassung, Licht bestünde aus winzigen Teilchen. Christiaan Huygens war dagegen überzeugt, Licht breite sich wellenförmig aus. Gut 100 Jahre später wurde die Frage durch ein Doppelspaltexperiment vorläufig entschieden: Licht ist eine Welle.

Als Maxwell dann feststellte, dass sich elektromagnetische Wellen mit Lichtgeschwindigkeit ausbreiten, folgerte er:

Licht ist eine elektromagnetische Welle.

Im 20. Jahrhundert musste man einsehen, dass Licht trotzdem aus Teilchen besteht. Dieser scheinbar paradoxe Sachverhalt ist im 2. Kapitel der Mentor Abiturhilfe „Atomphysik" (Band 667) ausführlich erläutert.

Das Besondere bei einem Interferenzexperiment sind die Minima. Dort überlagern sich zwei Wellen so, dass sie sich gegenseitig auslöschen. Soll das heißen, dass Licht plus Licht Dunkelheit ergibt?

Ja, nur bei normalem Licht merkt man davon nichts. Es ist inkohärent, also ein Gemisch aus vielen sehr kurzen Wellenzügen mit den unterschiedlichsten Frequenzen und Ausbreitungsrichtungen, sodass jedes Minimum sofort wieder von einem Maximum überlagert wird.

Zum Nachweis des Wellencharakters von Licht dient ein Interferenzexperiment.
Dazu benötigt man Licht, das aus einer punktförmigen oder einer schmalen geradlinigen Quelle stammt und einfarbig ist, also nur eine Frequenz hat. Man nennt es **kohärentes Licht**.

Ein Laser ist eine intensive kohärente Lichtquelle.

Wird ein Doppelspalt mit kohärentem Licht beleuchtet, beobachtet man auf einem dahinter liegenden Schirm abwechselnd helle und dunkle Streifen, die Interferenzmaxima und -minima.

Die Wellenlänge des Lichts ist kleiner als $\dfrac{1}{1\,000}$ mm.

Im Gegensatz zum Doppelspaltexperiment mit Mikrowellen ist jetzt jeder der beiden Spalte deutlich breiter als die Wellenlänge der verwendeten Strahlung. Im Spalt entsteht also keine Welle, die den gesamten Bereich hinter dem Doppelspalt erfasst, sondern das Licht breitet sich nur in Richtungen aus, die durch kleine Winkel α gekennzeichnet sind.

Man spricht, wie Sie aus Kapitel 7.7 der Mentor Abiturhilfe „Mechanik" wissen, von „schwacher Beugung".

Betrachten wir noch einmal die für das Doppelspaltexperiment geltenden Formeln $\Delta s = b \cdot \sin\alpha$ und $\tan\alpha = \dfrac{d}{a}$.

Für kleine Winkel α gilt näherungsweise $\sin\alpha = \tan\alpha$ und damit die sehr einfache Formel $\Delta s = b \cdot \dfrac{d}{a}$.

Da der Gangunterschied im Maximum k-ter Ordnung $\Delta s = k \cdot \lambda$ ist, gilt:

Die Wellenlänge des Lichts lässt sich mit einem Doppelspaltexperiment bestimmen. Man misst den Abstand b der beiden Spalte, die Entfernung a des Schirms vom Doppelspalt und den Abstand d der Maxima 0. und k-ter Ordnung. Die Wellenlänge beträgt:

$$\lambda = \frac{b \cdot d}{k \cdot a}$$

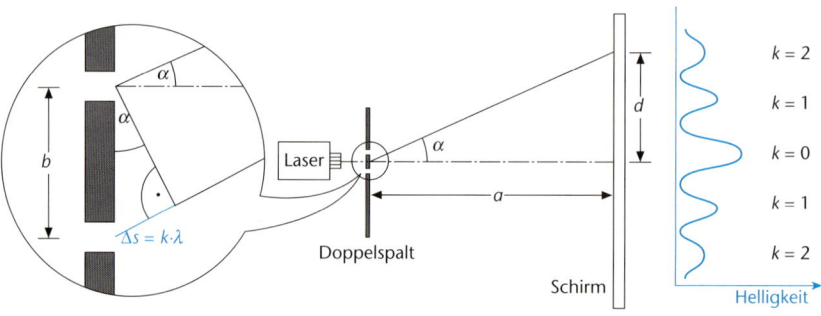

Die Maxima auf dem Schirm sind nicht scharf voneinander abgegrenzt, weshalb sich der Abstand d nicht sehr exakt messen lässt.

JOSEPH FRAUNHOFER hatte die Idee, statt des Doppelspalts ein **optisches Gitter** zu verwenden. Es hat sehr viele dicht benachbarte Spalte, deren Abstand b als **Gitterkonstante** bezeichnet wird.

Da in jedem Spalt eine Elementarwelle entsteht, interferieren sehr viele Wellen.

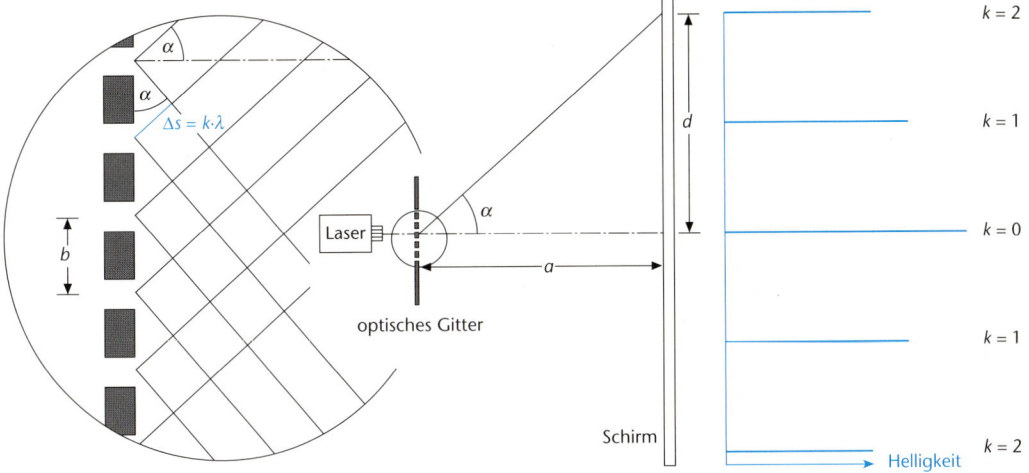

Es gibt Stellen auf dem Schirm, wo sämtliche von den vielen Spalten ausgehenden Wellen gleichphasig eintreffen und sich zu einem Maximum verstärken. An allen anderen Stellen findet sich unter den vielen dort eintreffenden Wellen zu jeder Welle auch eine gegenphasige, weshalb sie sich letzlich alle gegenseitig auslöschen.

> Trifft kohärentes Licht der Wellenlänge λ auf ein optisches Gitter mit der Gitterkonstanten b, so entsteht auf dem Schirm dort ein scharfes, helles Maximum k-ter Ordnung, wo der Gangunterschied zweier aus benachbarten Spalten stammender Wellen $\Delta s = k \cdot \lambda$ beträgt.

„Wo ist denn da der Unterschied zum Doppelspalt?", werden Sie fragen. Der Unterschied betrifft die Stellen zwischen den Maxima. Beim Doppelspalt gibt es nur dort ein Minimum, wo die Bedingung $\Delta s = (2k - 1) \cdot \dfrac{\lambda}{2}$ exakt erfüllt ist.

Zwischen Maximum und Minimum gibt es Übergänge. Beim Gitter ist überall ein Minimum, wo die Bedingung $\Delta s = k \cdot \lambda$ nicht exakt erfüllt ist.

Für eine exakte Bestimmung der Wellenlänge müssen die Entfernungen a und d gemessen werden. Dann wird λ über die Beziehungen $\tan \alpha = \dfrac{d}{a}$, $\Delta s = b \cdot \sin \alpha$ und $\lambda = \dfrac{\Delta s}{k}$ berechnet.

Weißes Licht setzt sich aus Wellen aller Wellenlängen zwischen 400 nm (violettes Licht) und 780 nm (rotes Licht) zusammen. Da das Gitter die einzelnen Farben entsprechend ihrer unterschiedlichen Wellenlänge verschieden stark ablenkt, wird weißes Licht auf dem Schirm in seine Spektralfarben zerlegt.

➡ **Aufgaben**
7.4 – 7.10

7.6 Polarisation

Schauen Sie sich bitte nochmal in Kapitel 7.4 das Bild der vom Dipol abgestrahlten Welle an. Sie sehen, dass die elektrischen und die magnetischen Feldvektoren stets senkrecht auf der Ausbreitungsrichtung der elektromagnetischen Welle stehen. Sie ist also eine Querwelle oder, mit dem Fremdwort, eine Transversalwelle.

> Elektromagnetische Wellen sind Transversalwellen (Querwellen).
>
> Schwingt in einem Punkt, der von einer elektromagnetischen Welle erfasst wird, der elektrische Feldvektor immer nur längs derselben Linie hin und her, so spricht man von einer **linear polarisierten Welle**.

In den in Ausbreitungsrichtung der Welle gelegenen Nachbarpunkten führen die elektrischen Feldvektoren zeitverschoben dieselbe Schwingung längs paralleler Linien durch. Somit schwingen alle Feldvektoren in einer Ebene, die die Ausbreitungsrichtung enthält.

Mit einem sehr einfachen Versuch lässt sich beweisen, dass Dipolstrahlung linear polarisiert ist:

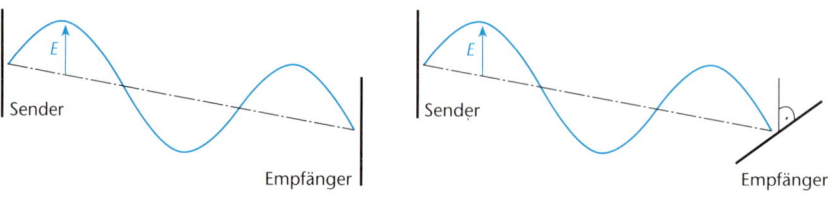

Man dreht den Empfangsdipol um die Verbindungslinie Sender-Empfänger. Wenn Sende- und Empfangsdipol parallel stehen, ist der Empfang maximal, stehen sie senkrecht zueinander, gibt es keinen Empfang. Im Empfangsdipol wird ja nur die zu ihm parallele Komponente des elektrischen Feldvektors für die Ladungsschwingung wirksam.

Merkwürdiges lässt sich beobachten, wenn man zwischen Sender und Empfänger ein Gitter aus parallel gespannten Metalldrähten bringt:

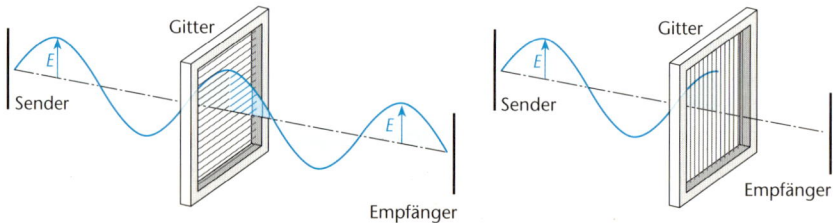

Sind die Drähte parallel zum Sendedipol, gibt es keinen Empfang. Sind sie senkrecht zu ihm, stellt man denselben Empfang fest wie ohne Gitter. Wie lässt sich das erklären?

Sind die Drähte parallel zum Sendedipol, so regt die von ihm ausgehende elektromagnetische Welle (Primärwelle) die Elektronen in den Gitterstäben zu Schwingungen mit gleicher Frequenz an. Die Drähte stellen somit selbst schwingende Dipole dar, die ihrerseits elektromagnetische Wellen (Sekundärwellen) abstrahlen. Die Sekundärwelle wird mit der Phasendifferenz π verzögert gegenüber der Primärwelle emittiert. Beide löschen sich also im Raum hinter dem Gitter durch Interferenz aus.

Sind die Drähte hingegen senkrecht zum Sendedipol gespannt, so werden die Elektronen in ihnen nicht zu Schwingungen angeregt, sie müssten ja sonst quer zur Drahtrichtung schwingen.
Bilden die Drähte und die Schwingungsrichtung des elektrischen Feldvektors der Welle den Winkel φ, so wird nur der Anteil des Feldvektors hindurchgelassen, der senkrecht zu den Drähten schwingt. Somit ändert sich die Schwingungsrichtung der linear polarisierten Welle.

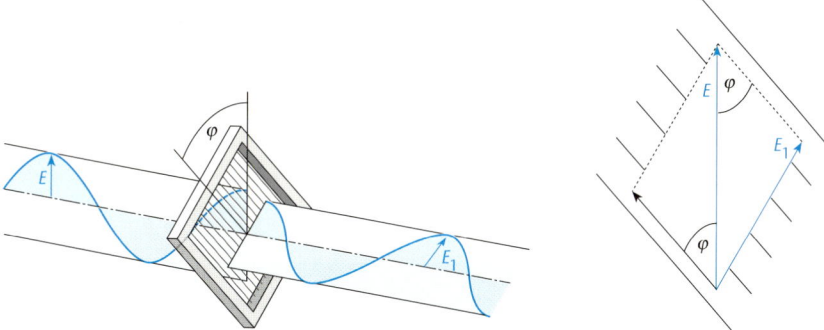

Hatte die elektrische Feldstärke vor dem Gitter die Amplitude E, so hat sie hinter ihm die Amplitude $E_1 = E \cdot \sin\varphi$.
Der Empfänger nimmt vom E_1-Vektor danach nur den Anteil auf, der parallel zu ihm schwingt.

Sie sollten noch wissen, dass die Schwingungsenergie W der elektromagnetischen Welle proportional ist zum Quadrat der Amplitude E der elektrischen Feldstärke:

$$W \sim E^2$$

Das können Sie sich plausibel machen mit Formeln, die wir in Kapitel 1 kennen gelernt haben:

$$W = \frac{1}{2} C U^2 \quad \text{und} \quad U = d \cdot E$$

Eine ähnliche Wirkung wie parallele Drähte für Dipolstrahlung haben für Licht langgestreckte Moleküle in bestimmten Kunststofffolien, die man als

Polarisationsfilter bezeichnet. Die Komponente des Lichts, deren elektrischer Feldvektor parallel zur Achse der Moleküle ist, wird absorbiert. Die dazu senkrechte Komponente passiert das Filter ungehindert.

Den Vorgang, durch den aus einer Transversalwelle eine Komponente des Schwingungsvektors ausgefiltert wird, bezeichnet man als **Polarisation**. Nur eine Transversalwelle (Querwelle) ist polarisierbar, nicht aber eine Longitudinalwelle (Längswelle).

Nun ist Licht allerdings ein Gemisch aus vielen Wellenzügen, wobei sämtliche Schwingungsrichtungen gleich häufig vertreten sind. Mit einem ersten Polarisationsfilter wird dieses unpolarisierte Licht zunächst linear polarisiert. Erst dann ist es der Dipolstrahlung vergleichbar. Ein zweites Polarisationsfilter lässt in paralleler Stellung dieses Licht ungehindert passieren. In dazu senkrechter Stellung ist es lichtundurchlässig.

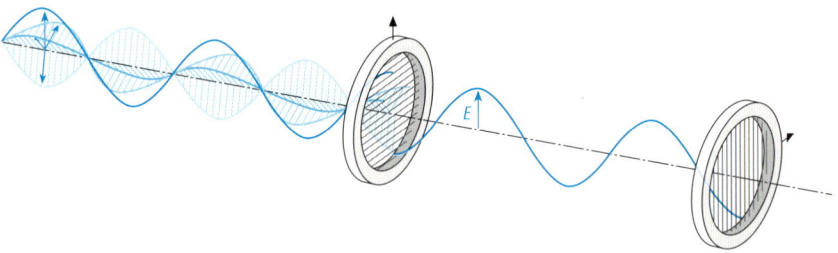

Licht wird bei der Reflexion an einer Glas- oder Wasseroberfläche teilweise polarisiert. Bei einem besonderen Einfallswinkel, der als **Polarisationswinkel** α bezeichnet wird, ist der reflektierte Strahl sogar vollständig polarisiert: Der elektrische Feldvektor schwingt senkrecht zu der Ebene, die vom einfallenden und vom reflektierten Strahl aufgespannt wird.

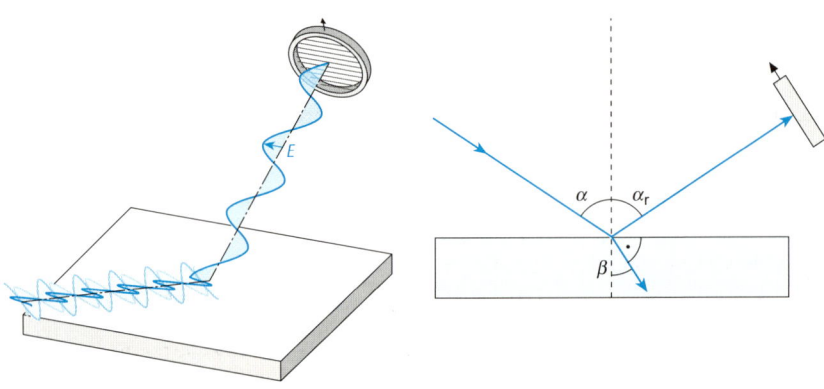

Es gilt das Reflexionsgesetz: Reflexionswinkel α_r = Einfallswinkel α

Der Polarisationswinkel ist derjenige Einfallswinkel, für den reflektierter und gebrochener Strahl aufeinander senkrecht stehen:

$$\alpha + 90° + \beta = 180° \quad \Rightarrow \quad \beta = 90° - \alpha$$

In Kapitel 7.6 von Band 665 hatten wir das Brechungsgesetz kennen gelernt:

$$\frac{\sin\alpha}{\sin\beta} = n \quad \Rightarrow \quad \frac{\sin\alpha}{\sin(90°-\alpha)} = n \quad \Rightarrow \quad \frac{\sin\alpha}{\cos\alpha} = n \quad \Rightarrow \quad \tan\alpha = n$$

Für Glas ist die Brechzahl $n = 1{,}5$ und es ergibt sich $\tan\alpha = 1{,}53$. $\quad \Rightarrow \quad \alpha = 57°$

Fällt Licht unter dem Polarisationswinkel 57° auf eine Glasoberfläche, so ist das reflektierte Licht vollständig linear polarisiert.

➡ **Aufgaben 7.11; 7.12**

Übungsaufgaben zu Kapitel 7

Aufgabe 7.1

Ein Kondensator der Kapazität 40 µF wird durch eine Gleichspannungsquelle mit der Spannung 10 V aufgeladen. Zur Zeit $t = 0$ wird er über eine Spule der Induktivität 630 H entladen. Die ohmschen Widerstände im Schwingkreis sind zu vernachlässigen.

a) Welche Schwingungsdauer und welche Kreisfrequenz hat die Schwingkreisschwingung?

b) Berechnen Sie die Spannung $U(t)$, die Ladung $Q(t)$, die Stromstärke $I(t)$ sowie die im Kondensator gespeicherte elektrische Energie $W_e(t)$, die in der Spule gespeicherte magnetische Energie $W_m(t)$ und die Gesamtenergie $W(t)$ jeweils als Funktion der Zeit t.

c) Nach welcher Zeit t_1 erreicht die Stromstärke zum ersten Mal die Hälfte ihres Maximalwerts?
Wie viel Prozent ihres Maximalwerts erreichen zur Zeit t_1 die Spannung, die Energie des elektrischen und die Energie des magnetischen Feldes?

d) Nach welcher Zeit t_2 erreicht die Energie des elektrischen Feldes zum ersten Mal die Hälfte des Maximalwerts?
Wie viel Prozent ihres Maximalwerts erreichen zur Zeit t_2 die Energie des magnetischen Feldes, die Spannung und die Stromstärke?

e) Nach welcher Zeit t_3 ist die Spannung zum ersten Mal auf die Hälfte ihres Maximalwerts abgesunken?
Wie viel Prozent ihres Maximalwerts erreichen zur Zeit t_3 die Stromstärke, die Energie des elektrischen und die Energie des magnetischen Feldes?

f) Zeichnen Sie für den Zeitraum $0 \le t \le 1{,}0\,\text{s}$ unter Verwendung der berechneten Werte das t-U- und das t-I-Diagramm in ein Koordinatensystem sowie darunter das t-W_e- und das t-W_m-Diagramm in ein zweites Koordinatensystem.

Aufgabe 7.2 Ein Schwingkreis führt ungedämpft Schwingungen mit der Eigenfrequenz 6,1 kHz aus. Am Kondensator tritt die maximale Ladung 0,20 µC auf. Die Gesamtenergie der Schwingung beträgt 2,3 µJ.

a) Welche Kapazität hat der Kondensator?

b) Welche Induktivität hat die Spule?

c) Wie hoch ist die maximale Stromstärke?

Aufgabe 7.3 Der Schwingkreis einer Rückkopplungsschaltung hat die Kapazität 1,2 pF. An ihn wird induktiv ein Dipol gekoppelt.

a) Hat der Schwingkreis die Induktivität 2,4 µH, so schwingt der Dipol in der Grundschwingung.
Welche Länge hat der Dipol?

b) In welchen Punkten des Dipols ist bei der Grundschwingung die Stromstärke halb so groß wie die maximale Stromstärke in der Dipolmitte?

c) Wie muss die Induktivität des Schwingkreises gewählt werden, damit der angekoppelte Dipol in seiner 2. Oberschwingung schwingt?

d) Bei dem in der 2. Oberschwingung schwingenden Dipol erreicht die Stromstärke zur Zeit $t = 0$ in der Dipolmitte ihren Maximalwert.
Skizzieren Sie den Stromstärke- und den Spannungsverlauf längs des Dipols für die Zeitpunkte $t = 0$, $t = \frac{1}{4}T$, $t = \frac{1}{2}T$ und $t = \frac{3}{4}T$.

Berechnen Sie die Schwingungsdauer T.

Aufgabe 7.4 In den Punkten $A\,(0;1,8\ \text{m})$ und $B\,(0;-1,8\ \text{m})$ stehen senkrecht zur x-y-Ebene zwei gleich lange Sendedipole. Sie schwingen gleichphasig mit der Frequenz $2,5 \cdot 10^8$ Hz in ihrer Grundschwingung.

a) Welche Länge haben die Dipole?

b) Zeigen Sie, dass mit einem Empfangsdipol in Punkt $P\,(3,0\ \text{m};\ 1,2\ \text{m})$ ein Interferenzmaximum nachgewiesen werden kann.

c) Nun wird mit dem Empfangsdipol das Interferenzfeld in größerer Entfernung von den beiden Sendedipolen untersucht: In wie viele Richtungen in der x-y-Ebene strahlt das System aus zwei Sendedipolen Energie mit besonders hoher Energie ab?

d) Berechnen Sie die Winkel, die die Richtungen maximaler Energieabstrahlung im 1. Quadranten mit der x-Achse bilden.

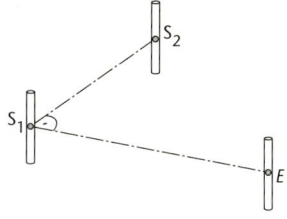

Zwei Sendedipole S_1 und S_2 und ein Empfangsdipol E sind jeweils 1,8 m lang. Sie stehen senkrecht auf den Verbindungslinien der Dipolmitten. Die Entfernung $\overline{S_1E}$ beträgt 7,2 m. Die Entfernung $\overline{S_1S_2}$ beträgt 5,4 m. Die Verbindungslinien der Dipolmitten S_1E und S_1S_2 sind senkrecht zueinander.

Aufgabe 7.5

Schwingt S_1 allein in der Grundschwingung, wird bei E die Energie W_0 empfangen. Schwingt S_2 allein in der Grundschwingung, wird bei E ebenfalls die Energie W_0 empfangen.

Ist die bei E empfangene Energie W größer als W_0, wenn S_1 und S_2 gleichphasig in der Grundschwingung schwingen?

Ein Mikrowellensender strahlt mit der Frequenz $1,2 \cdot 10^{10}$ Hz senkrecht auf einen Doppelspalt, der aus Blechstücken hergestellt wurde. Der Abstand der Spaltmitten ist $b = 3,6$ cm. Jeder Einzelspalt ist 8,0 mm breit.

Aufgabe 7.6

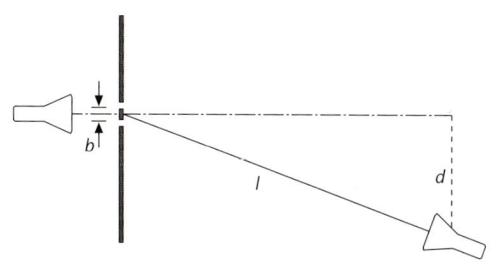

Ein Mikrowellenempfänger ist auf einem Schwenkarm der Länge $l = 95$ cm befestigt, der um die Mitte des Doppelspalts drehbar ist. Zunächst hat der Empfänger den Abstand $d = 33$ cm von der Symmetrieachse der Anordnung.

a) Berechnen Sie, ob mit dem Empfänger an dieser Stelle Mikrowellen nachgewiesen werden können.

b) Der Empfänger verbleibt in dieser Stellung, allerdings wird einer der beiden Spalte durch ein Blechstück abgedeckt. Was wird am Empfänger beobachtet?

c) Nun wird dieses Bleckstück entfernt, sodass die Mikrowellen wieder auf den Doppelspalt treffen. Um welchen Winkel muss der Schwenkarm von der Symmetrieachse der Anordnung weggedreht werden, damit am Empfänger ein Interferenzmaximum beobachtet wird?

Ein Doppelspalt mit dem Spaltabstand 0,40 mm hat von einem Schirm den Abstand 5,4 m.

Aufgabe 7.7

a) Wie groß ist der Abstand benachbarter Maxima auf dem Schirm, wenn der Doppelspalt mit Licht der Wellenlänge 750 nm beleuchtet wird?

b) Der Doppelspalt wird nun mit als weiß empfundenem Mischlicht beleuchtet, das aus rotem Licht der Wellenlänge 750 nm und grünem Licht der Wellenlänge 500 nm besteht.
Gib es auf dem Schirm Stellen, wo ein rotes und ein grünes Maximum zusammentreffen, die also als weiß empfunden werden?

Aufgabe 7.8 Rotes Licht eines Helium-Neon-Lasers trifft senkrecht auf ein optisches Gitter mit 570 Strichen pro Millimeter. Auf einem 36,5 cm vom Gitter entfernten Schirm haben die beiden Maxima 1. Ordnung voneinander den Abstand 28,3 cm.

Berechnen Sie die Wellenlänge des Laserlichts.

Aufgabe 7.9 Ein Gitter mit 500 Strichen pro Millimeter wird mit dem gelben Licht einer Natriumdampflampe beleuchtet. Die gelbe „Natrium-Linie" ist in Wirklichkeit eine Doppellinie mit den Wellenlängen 589,0 nm und 589,6 nm.

a) Wie weit muss der Schirm vom Gitter entfernt sein, wenn die beiden Natrium-Linien im Spektrum 1. Ordnung auf dem Schirm 1,5 mm voneinander entfernt sein sollen?

Lösungshinweis:
Die beiden Winkel, unter denen die Natrium-Linien auftreten, unterscheiden sich sehr wenig. Berechnen Sie sie deshalb auf 3 Nachkommastellen genau.

b) Wie viele Doppellinien sind neben dem Maximum 0. Ordnung zu beobachten?

Aufgabe 7.10 Weißes Licht enthält alle Wellenlängen von 400 nm bis 780 nm. Ein optisches Gitter mit 200 Strichen pro Millimeter wird senkrecht mit weißem, parallelem Licht bestrahlt.

a) Berechnen Sie die Winkel, unter denen die Maxima 1., 2. und 3. Ordnung für violettes Licht (400 nm) und rotes Licht (780 nm) jeweils gegenüber dem Maximum 0. Ordnung erscheinen.
Begründen Sie, dass das Spektrum 1. Ordnung vollständig frei von Überlagerungen durch das Spektrum 2. Ordnung ist.

b) Das Spektrum 2. Ordnung wird teilweise vom Spektrum 3. Ordnung überlagert. Bei welcher Wellenlänge im Spektrum 2. Ordnung beginnt das Spektrum 3. Ordnung?

c) Nun wird parallel zum Gitter ein 1,00 m breiter Schirm so aufgestellt, dass sich das Maximum 0. Ordnung in der Schirmmitte befindet.
Welchen Abstand muss der Schirm vom Gitter haben, damit das gesamte Spektrum 1. Ordnung auf dem Schirm zu sehen ist?

Aufgabe 7.11 Ein Sendedipol und ein Empfangsdipol stehen parallel zueinander. Am Empfangsdipol wird die Leistung P_0 aufgenommen.
Nun wird in eine Ebene senkrecht zur Verbindungslinie der Dipolmitten ein Gitter aus parallelen Metallstäben gebracht. Diese Stäbe schliessen mit der Richtung des Sendedipols den Winkel $\alpha = 40°$ ein.

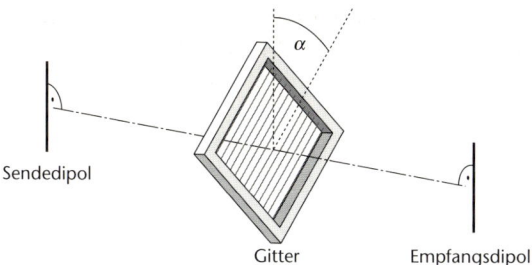

Sendedipol
Gitter
Empfangsdipol

a) Welcher Bruchteil der Leistung P_0 wird in der gezeichneten Stellung empfangen?

b) In welche Stellung muss der Empfangsdipol (um die Verbindungslinie der Dipolmitten als Achse) gedreht werden, damit der Empfang maximal wird? Welcher Bruchteil der Leistung P_0 wird dann empfangen?

Aufgabe 7.12

Ein Sende- und ein Empfangsdipol stehen sich so gegenüber, dass ihre Dipolachsen zueinander und zu ihrer Verbindungsgeraden senkrecht sind. Zwischen beiden Dipolen befindet sich, senkrecht zur Verbindungsgeraden der Dipolmittelpunkte, ein Gitter aus parallelen Metallstäben, welche mit der Richtung des Sendedipols den Winkel α einschließen.

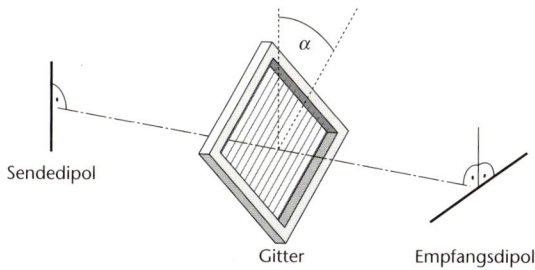

Sendedipol
Gitter
Empfangsdipol

a) Zeigen Sie, dass am Empfangsdipol die elektrische Feldstärke mit der Amplitude $E_2 = E_0 \cdot \sin\alpha \cdot \cos\alpha$ aufgenommen wird.
Dabei ist E_0 die Amplitude der elektrischen Feldstärke, die ohne Gitter empfangen würde, wenn der Empfangsdipol parallel zum Sendedipol stehen würde.

b) Berechnen Sie den Winkel α, bei dem die empfangene Amplitude E_2 maximal ist.

Lösungshinweis: Fassen Sie E_2 als Funktion von α auf und berechnen Sie das Maximum der Funktion $E_2(\alpha)$ für $0° < \alpha < 90°$.

c) Berechnen Sie, welcher Bruchteil von E_0 im Maximalfall beim Empfangsdipol eintrifft.

Kampf den Prüfungs- monstern!

Prüfungsangst – wer kennt sie nicht? Wenn einem heiß und kalt wird, hilft natürlich der gut gemeinte Satz:

„Du brauchst doch keine Angst zu haben!"

auch nichts. Wer von der Prüfungsangst gequält wird, muss dieses Problem langfristig und gründlich angehen. Denn Prüfungsangst ist nicht gleich Prüfungsangst!

Typ I:

Die Prüfungsangst des Faulen

Sollten Sie vor und in Prüfungen (Klausuren) Angst haben, weil Sie nicht / nur oberflächlich gelernt haben, hilft auf Dauer nur eines: genauer oder überhaupt erst einmal zu lernen.

Typ II:

Auch falsche Lernwege führen in den Abgrund

Manchmal hat man zwar viel gelernt, aber trotzdem Angst. Oft genug liegt das an einer fehlerhaften Arbeitsmethode:

- Viele begehen den Fehler, stur auswendig zu lernen anstatt den Stoff wirklich zu verstehen. Stellt ein Lehrer dann die Frage anders als erwartet oder verlangt er eine Erklärung in eigenen Worten, wird man natürlich nervös. Lernen Sie also immer mit Verstand!

- Mancher lernt zwar vor einer Prüfung viel, aber erst in den letzten paar Tagen geballt und stundenlang. Der Stoff kann sich dann nicht im Gedächtnis absetzen und man beherrscht ihn trotz des Zeitaufwandes nicht sicher.

Sollten diese Gründe für Ihre Ängste verantwortlich sein, nützen z.B. Entspannungsübungen gar nichts – Sie müssen einfach Ihre Methode ändern. Wer übrigens in Prüfungen nicht klar kommt und auch schon bei den Hausaufgaben viele Fehler macht, sollte – ggf. mithilfe eines Lehrers oder eines Beratungslehrers – überprüfen, wieso das passiert. Es ist ja klar, dass der, der schon bei Hausaufgaben häufig Probleme hat, auch Prüfungen verhaut.

Typ III:

Klassenkämpfe

Kennen Sie das „Jetzt-machen-wir-uns-gegenseitig-fertig-Spiel"? Es wird von Schülern am liebsten am Tag vor einer Klassenarbeit bzw. in den Stunden vor der Arbeit gespielt.

„Hast du das und das gelernt?"
„Wie geht denn diese Aufgabe?"
„Was, du hast nur ... Stunden gelernt?"
„Kommt das auch dran?"

– mit solchen und ähnlichen Fragen und Sätzen bombardieren sich Schüler oft gegenseitig. Viele lassen sich von dieser Nervosität anstecken und bei manchen, nämlich denen

mit einem besonders dünnen Fell, wirkt die Nervosität bis in die Klassenarbeit hinein.

Was tun?   ➡   Einfach nicht mitspielen!

Stellen Sie keine Fragen (sie können im letzten Moment ohnehin nicht mehr sinnvoll beantwortet werden) und sagen Sie niemandem, was er hätte tun sollen. Nehmen Sie sich umgekehrt aber auch das Recht, jedem anderen zugleich freundlich und deutlich zu sagen, dass Sie in Ruhe gelassen werden wollen. Hilft das nichts, wenden Sie sich von ihm ab und gehen Sie woandershin.

Typ IV:

Wie beim Fußball – auf die Taktik kommt es an!

Manchen ereilt die Prüfungsangst auch erst in der Klassenarbeit. Hierzu folgende Tipps:

Taktik 1:
Positiv denken!

(Was wir von den Amerikanern lernen können ...)

Wenn das Aufgabenblatt vor Ihnen liegt:

- Schließen Sie zunächst kurz die Augen,
- atmen Sie tief durch und
- sagen Sie sich selbst, dass Sie gut gelernt haben.

Auch während der Prüfung und in den Momenten, wenn die Angst zu kommen droht, können Sie gebetsmühlenhaft derartige positive Botschaften wiederholen. Die Methode stammt aus den USA und hat sich sehr bewährt – vorausgesetzt, man hat wirklich gelernt ...

Taktik 2:
Der Wahrheit ins Auge schauen

(Was wir von den Römern lernen können ...)

Eine Teilaufgabe misslingt – für manchen der Anfang eines Panikanfalls, der bewirkt, dass man auch das nicht mehr kann, was man vorher noch beherrschte.

Hier sollten Sie sich z.B. sagen:

„Diese Prüfung (oder: Klassenarbeit) besteht aus vier Aufgaben. Wenn ich eine löse, habe ich bereits ein Viertel gepackt, bei zweien schon die Hälfte. Löse ich eine nicht, habe ich nur einen kleinen Teil nicht geschafft. Bloß weil ich eine Teilaufgabe nicht kann, habe ich nicht die ganze Prüfung versiebt."

Bei den Römern hieß diese Methode

„Divide et impera!" –

„Teile und herrsche!".

Sie hilft, weil der riesige Teufel, den man an die Wand malt *(„Ich bekomme eine Sechs"!)*, wenn man einen Teil nicht gelöst hat, plötzlich zum kleinen Teufelchen wird – man erkennt seine wahre Dimension.

Taktik 3:
Den Überblick bewahren

(Was wir von den Adlern lernen können ...)

Bevor Sie irgendetwas schreiben, sollten Sie erst einmal in Ruhe die Aufgaben betrachten – so viel Zeit ist immer. Wer nämlich sofort mit der ersten Aufgabe beginnt (oder dem ersten Satz in einer Übersetzung), läuft Gefahr, sich selbst zu blockieren. Misslingt diese Aufgabe, wird man nervös und bei manchem ist dann die ganze Prüfung gelaufen – er kann nicht einmal mehr die leichteren Aufgaben lösen.

Beginnen Sie also mit den für Sie einfachsten Aufgaben und lösen Sie erst all die, bei denen Sie sicher sind! Diese Punkte haben Sie dann schon auf jeden Fall.

(Ausnahme: Manche ängstlichen Schüler werden noch nervöser, wenn sie alle Aufgaben durchsehen. Die beachten dann bitte die folgende Taktik!)

Taktik 4:
Einfach nicht hinschauen

(Was wir von den Maulwürfen lernen können ...)

Manchen macht der Anblick des vollen Aufgabenblattes fertig. Während er eine Aufgabe rechnet, liest er nebenher schon die anderen und grübelt sozusagen auf mehreren Ebenen gleichzeitig.

Falten Sie Ihr Aufgabenblatt so, dass Sie nur die Aufgabe im Blick haben, die gerade dran ist; oder decken Sie andere Aufgaben mit leeren Blättern ab.

Wie heißt das Sprichwort?

„Was ich nicht weiß, macht mich nicht heiß!"

Taktik 5:
Selbstlob riecht wie Parfüm!

(Was wir von den Angebern lernen können ...)

Streichen Sie jede fertige Aufgabe mit Wonne durch. Das tut dem Selbstbewusstsein gut – und hilft Ihnen nebenbei, keine Aufgabe zu übersehen! Und loben Sie sich so richtig ausführlich dabei!

Sicher gibt es noch mehr Gründe für die Prüfungsangst. Die dargestellten Gründe und Gegenmaßnahmen haben Sie allerdings selber in der Hand!

MENTOR ABITUR-HILFE

Band 666

Physik
Oberstufe

Elektrizität und Magnetismus

Ladung, Felder, Induktion,
elektromagnetische Wellen

Lösungsteil

Erhard Weidl

Mentor Verlag München

Eine physikalische Größe ist stets das Produkt aus Maßzahl und Einheit. Die Maßzahl ist das Resultat einer Messung und damit nur bis zu einer bestimmten Messgenauigkeit bekannt. Diese wird durch die Anzahl der „geltenden Ziffern" ausgedrückt.

Ein Beispiel zur Erläuterung: Wenn Sie den Durchmesser eines Balles mit einem Maßband mit Zentimetereinteilung messen, so ist das Ergebnis vielleicht 23 cm. Das Ergebnis kann auch anders geschrieben werden: 23 cm = 0,23 m = 0,00023 km = $2{,}3 \cdot 10^2$ mm. Es hat in jedem Fall 2 „geltende Ziffern". Führende Nullen werden nicht mitgezählt, denn sie verschieben nur die Kommastelle.

Die Angabe 23,0 cm = 0,230 m = 0,000230 km = 230 mm würde dagegen für eine auf Millimeter genau gemessene Größe stehen. Hier liegen 3 „geltende Ziffern" vor.

Wenn Sie nun den Umfang u des Balles aus dem Durchmesser d mit der Formel $u = \pi \cdot d$ berechnen, so liefert Ihr Taschenrechner das Ergebnis $23 \cdot \pi = 72{,}25663103$.

Der Wert 72,25663103 cm hat 10 „geltende Ziffern" und ist nun plötzlich auf $\dfrac{1}{100\,000\,000}$ cm genau. Aus einem auf einen Zentimeter genau gemessenen Durchmesser erhält man also scheinbar einen auf einen Atomdurchmesser genauen Umfang. Solche Absurditäten vermeiden wir durch folgende Regeln:

Regel

> Die Anzahl der „geltenden Ziffern" im Ergebnis einer Multiplikation oder Division ist gleich der kleinsten Anzahl „geltender Ziffern" der dabei verrechneten Maßzahlen.
>
> Bei einer Addition oder Subtraktion zweier Maßzahlen hat das Ergebnis *nach dem Komma* bis zu der Dezimalstelle „gültige Ziffern", an der *beide* Maßzahlen noch eine gültige Ziffer hatten.

Den Umfang unseres Balles berechnen wir also je nach vorgegebener Genauigkeit zu:

$$u = \pi \cdot d = \pi \cdot 23 \text{ cm} = 72 \text{ cm}$$

oder zu: $\quad u = \pi \cdot d = \pi \cdot 23{,}0 \text{ cm} = 72{,}3 \text{ cm}$

Das internationale Einheitensystem _____

Wie ist mit den Einheiten umzugehen?

Wir werden das internationale Einheitensystem verwenden. Es beruht auf den Basiseinheiten Meter (m), Kilogramm (kg), Sekunde (s) und Ampere (A). Aus ihnen werden die Einheiten aller verwendeten physikalischen Größen hergeleitet. Somit können Sie getrost in jede Formel die in diesen Einheiten angegebenen Größen einsetzen, ihr Ergebnis muss wieder eine Größe mit einer aus m, kg, s und A hergeleiteten Einheit sein.

Anhand der Tabelle können Sie den Zusammenhang dieser Einheiten erkennen.

Physikalische Größe	Formelzeichen/ Definitionsgleichung	Einheit
Länge	l	m
Fläche	$A = l^2$	m^2
Zeit	t	s
Masse	m	kg
Geschwindigkeit	$v = \dfrac{l}{t}$	$m\,s^{-1}$
Beschleunigung	$a = \dfrac{v}{t}$	$m\,s^{-2}$
Kraft	$F = ma$	$N = kg\,m\,s^{-2}$
Arbeit, Energie	$W = Fl$	$J = Nm = kg\,m^2\,s^{-2}$
Leistung	$P = \dfrac{W}{t}$	$W = Js^{-1} = kg\,m^2\,s^{-3}$
Impuls	$p = mv$	$kg\,m\,s^{-1}$
Frequenz	$f = \dfrac{n}{t}$	$Hz = s^{-1}$
Stromstärke	I	A
Ladung	$Q = It$	$C = sA$
Elektrische Feldstärke	$E = \dfrac{F}{Q}$	$NC^{-1} = kg\,m\,s^{-3}\,A^{-1}$
Spannung	$U = \dfrac{W}{Q}$	$V = JC^{-1} = kg\,m^2\,s^{-3}\,A^{-1}$
Flächenladungsdichte	$D = \dfrac{Q}{A}$	$Cm^{-2} = m^{-2}\,s\,A$
Kapazität	$C = \dfrac{Q}{U}$	$F = CV^{-1} = kg^{-1}\,m^{-2}\,s^4\,A^2$
Widerstand	$R = \dfrac{U}{I}$	$\Omega = VA^{-1} = kg\,m^2\,s^{-3}\,A^{-2}$
Magnetische Flussdichte	$B = \dfrac{F}{lI}$	$T = N\,m^{-1}\,A^{-1} = kg\,s^{-2}\,A^{-1}$
Magnetischer Fluss	$\varPhi = BA$	$Wb = Tm^2 = kg\,m^2\,s^{-2}\,A^{-1}$
Induktivität	$L = \dfrac{-U}{\frac{dI}{dt}}$	$H = VsA^{-1} = kg\,m^2\,s^{-2}\,A^{-2}$

Ergebnisse

1.1b $7,9 \cdot 10^{-4}\,N$

1.1c $2,4 \cdot 10^{-8}\,C$

1.1d $0; 4,2 \cdot 10^{4}\,V\,m^{-1}$

1.2a $1,5 \cdot 10^{5}\,V\,m^{-1}; 2,3 \cdot 10^{4}\,V$

1.2b $2,3 \cdot 10^{4}\,V$

1.2c $6,1 \cdot 10^{-6}\,J$

1.2d $3,7 \cdot 10^{-5}\,J$

1.3a $1,7 \cdot 10^{-10}\,F$

1.3b $3,4 \cdot 10^{-7}\,C$

1.3c $1,0 \cdot 10^{5}\,V\,m^{-1}; 3,4 \cdot 10^{-4}\,J$

1.3d $8,8 \cdot 10^{-7}\,C\,m^{-2}$

1.4a $1,3 \cdot 10^{-6}\,C\,m^{-2}$

1.4b $4,6 \cdot 10^{-10}\,C$

1.4c $1,5°$

1.4d $6,5 \cdot 10^{-7}\,C\,m^{-2}$

1.5a $C_1 = \dfrac{1}{3}\,C_0$

1.5b $U_1 = 3U_0; E_1 = E_0; W_1 = 3W_0$

1.5c $6,7 \cdot 10^{-4}\,J$

1.6a $4,7 \cdot 10^{4}\,V\,m^{-1}; 1,2 \cdot 10^{-5}\,J$

1.6b $6,7 \cdot 10^{3}\,V\,m^{-1}; 1,7 \cdot 10^{-6}\,J$

2.1a 4

2.2b $7,7 \cdot 10^{3}\,V\,m^{-1}$

2.3a $8,39 \cdot 10^{6}\,m\,s^{-1}$

2.3b $2,5 \cdot 10^{4}\,V\,m^{-1}$

2.3c $y = (31\ m^{-1}) \cdot x^2$

2.3d $1,0 \cdot 10^{-2}\,m; 1,8 \cdot 10^{-2}\,m$

2.3e $2,1 \cdot 10^{-9}\,s$

2.3f $1,2 \cdot 10^{7}\,m\,s^{-1}$

2.3g $48°$

2.4a $y = \dfrac{U_A}{4dU_B} \cdot x^2$

2.4b $U_{Am} = \dfrac{2d^2}{l^2} \cdot U_B$

3.1 $0,054\,N; 0,036\,N; 0,054\,N$ nach unten

3.2a $6,3 \cdot 10^{-3}\,T$

3.2b   Fall I: $1,3 \cdot 10^{-3}\,N$; Fall II: 0

3.3 $2,1 \cdot 10^{-5}\,T; 5,4 \cdot 10^{-5}\,T$

3.4 $3,4\,A$

3.5 $1,3 \cdot 10^{-6}\,V\,s\,A^{-1}\,m^{-1}$

Kapitel 4	4.1a	$4,8 \cdot 10^{-15}$ N nach vorn
	4.1b	0
	4.1c	$2,4 \cdot 10^{-15}$ N nach vorn
	4.1d	$4,8 \cdot 10^{-15}$ N nach hinten
	4.2a	B_1 nach hinten, B_2 nach vorn
	4.2b	$4,0 \cdot 10^4$ m s^{-1}
	4.2c	$5,8 \cdot 10^{-26}$ kg; $6,1 \cdot 10^{-26}$ kg; 35; 37
	4.3	$1,8 \cdot 10^{11}$ C kg^{-1}
	4.4a	nach vorn
	4.4b	$3,3 \cdot 10^{-3}$ T
	4.4c	$3,6 \cdot 10^{-2}$ m
	4.4d	$5,4 \cdot 10^{-9}$ s
	4.5a	nach unten
	4.5b	$1,1 \cdot 10^5$ m s^{-1}
	4.5c	nach oben
	4.6a	$2,8 \cdot 10^{-8}$ s
	4.6b	$5,6 \cdot 10^{-8}$ s; $1,8 \cdot 10^7$ Hz
	4.7a	$1,5 \cdot 10^{-4}$ m s^{-1}
	4.7b	0,24 T
Kapitel 5	5.1a	$1,6 \cdot 10^{-4}$ Wb
	5.1b	$1,9 \cdot 10^{-4}$ Wb
	5.1c	$1,8 \cdot 10^{-4}$ Wb
	5.2a	nach unten; $Q\,-$; $P\,+$
	5.2b	im Leiter nach oben
	5.2c	0,12 V; 0,012 A
	5.2d	$1,8 \cdot 10^{-3}$ N
	5.2e	$5,4 \cdot 10^{-4}$ J
	5.3a	2,0 s; 5,0 s; 7,0 s
	5.3b	$\Phi = (3,0 \cdot 10^{-3}$ V$)\,t; -0,010$ A
	5.3c	im Gegenuhrzeigersinn
	5.4a	$I = (2,9$ A s$^{-1}) \cdot t$
	5.4b	$2,2$ m s^{-1}
	5.6a	$\Phi = 4,5 \cdot 10^{-5}$ V s $\cdot \cos((63$ s$^{-1}) \cdot t)$
	5.6b	$U = 5,7$ V $\cdot \sin((63$ s$^{-1}) \cdot t)$
	5.9a	$2,4 \cdot 10^{-2}$ H
	5.9b	$1,8 \cdot 10^3$
	5.9c	0,56 A; $1,9 \cdot 10^{-3}$ T
	5.9d	$7,5 \cdot 10^3$
	5.10a	0,35 A
	5.10b	1,1 H
	5.10c	$1,3 \cdot 10^{-2}$ T
	5.10d	$1,5 \cdot 10^2$ V
	5.10e	obere

6.1a 50 Hz; $314\ \text{s}^{-1}$

6.1b $U = 325\ \text{V} \cdot \sin((314\ \text{s}^{-1}) \cdot t); \quad I = 0{,}500\ \text{A} \cdot \sin((314\ \text{s}^{-1}) \cdot t)$
$P = 163\ \text{W} \cdot \sin^2((314\ \text{s}^{-1}) \cdot t)$

6.1d 230 V; 0,354 A

6.1e 1,63 J

6.2a $5{,}7 \cdot 10^{-7}\ \text{F}$

6.2b 0,020 s; 48 V; $8{,}6 \cdot 10^{-3}\ \text{A}$

6.2d geladen: 0–5 ms, 10–15 ms; entladen: 5–10 ms, 15–20 ms

6.3b $X_C = (9{,}8 \cdot 10^6\ \Omega\text{Hz}) \cdot \dfrac{1}{f}$

6.3c $1{,}6 \cdot 10^{-8}\ \text{F}$

6.4a 0,46 H

6.4b 0,020 s; 325 V; 2,26 A

6.4d aufgebaut: 5–10 ms, 15–20 ms; abgebaut: 0–5 ms, 10–15 ms

6.5b $X_L = (4{,}40\ \text{H}) \cdot f$

6.5c 0,700 H

6.6 nur Schaltung IV kommt infrage

6.7a 100 Ω

6.7b 0,17 H

6.7c Strom eilt um 28° nach

6.7d f_1: 1,1 Ω; 100 Ω; 0,63°; f_2: 53 Ω; 113 Ω; 28°; f_3: $1{,}1 \cdot 10^3$ Ω; $1{,}1 \cdot 10^3$ Ω; 85°

6.8a $X = \sqrt{R^2 + \dfrac{1}{(2\pi f C)^2}}\,; \quad I = \dfrac{U}{\sqrt{R^2 + \dfrac{1}{(2\pi f C)^2}}}\,; \quad \tan\Delta\varphi = \dfrac{1}{2\pi f C R}$

6.9 424 Ω; Strom eilt 49° voraus

6.10a $X = \left| (0{,}94\ \text{H}) \cdot f - \dfrac{1}{(3{,}8 \cdot 10^{-7}\ \text{F}) \cdot f} \right|$

6.10b $1{,}7 \cdot 10^3$ Hz

6.10e Kondensator mit 94 nF

6.10f Spule mit 0,10 H

6.11a $2{,}4 \cdot 10^{-3}\ \text{A}$

6.11b $2{,}5 \cdot 10^4\ \text{s}^{-1}$; $1{,}6 \cdot 10^{-8}\ \text{F}$

6.11c $8{,}0 \cdot 10^{-8}\ \text{C}$

6.12c $4{,}99 \cdot 10^{-6}\ \text{F}$

6.12d $X = \dfrac{1}{\left| (3{,}14 \cdot 10^{-5}\ \text{F}) \cdot f - \dfrac{1}{(0{,}798\ \text{H}) \cdot f} \right|}$

6.12e 10,6 V

7.1a 1,0 s; $6{,}3\ \text{s}^{-1}$

7.1b $U = 10\ \text{V} \cdot \cos((6{,}3\ \text{s}^{-1}) \cdot t); \qquad Q = 4{,}0 \cdot 10^{-4}\ \text{C} \cdot \cos((6{,}3\ \text{s}^{-1}) \cdot t)$
$I = 2{,}5 \cdot 10^{-3}\ \text{A} \cdot \sin((6{,}3\ \text{s}^{-1}) \cdot t); \qquad W_e = 2{,}0 \cdot 10^{-3}\ \text{J} \cdot \cos^2((6{,}3\ \text{s}^{-1}) \cdot t)$
$W_m = 2{,}0 \cdot 10^{-3}\ \text{J} \cdot \sin^2((6{,}3\ \text{s}^{-1}) \cdot t); \quad W = 2{,}0 \cdot 10^{-3}\ \text{J}$

7.1c 0,083 s; U: 87 %; W_e: 75 %; W_m: 25 %

7.1d 0,13 s; W_m: 50 %; U: 71 %; I: 71 %

7.1e	0,17 s; I: 87%; W_e: 25%; W_m: 75%
7.2a	$8,7 \cdot 10^{-9}$ F
7.2b	0,078 H
7.2c	$7,7 \cdot 10^{-3}$ A
7.3a	1,6 m
7.3b	jeweils 0,27 m vom Dipolende entfernt
7.3c	$2,7 \cdot 10^{-7}$ H
7.3d	$3,6 \cdot 10^{-9}$ s
7.4a	0,60 m
7.4c	12
7.4d	0°; 19°; 42°; 90°
7.5	nein
7.6a	nein
7.6c	24°
7.7a	$1,0 \cdot 10^{-2}$ m
7.7b	ja
7.8	$6,33 \cdot 10^{-7}$ m
7.9a	4,4 m
7.9b	6
7.10a	violett: 4,59°; 9,21°; 13,9°; rot: 8,97°; 18,2°; 27,9°
7.10b	$600 \cdot 10^{-9}$ m
7.10c	3,17 m
7.11a	17%
7.11b	Drehung um 50°; 41%
7.12b	45°
7.12c	50%

Aufgabe 1.1a
S. 18

F_E = elektrische Abstoßungskraft der anderen Kugel
F_g = Gewichtskraft
F_F = Fadenkraft

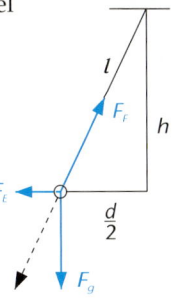

Aufgabe 1.1b
S. 18

$$\frac{F_E}{F_g} = \frac{\dfrac{d}{2}}{h} = \frac{\dfrac{d}{2}}{\sqrt{l^2 - \left(\dfrac{d}{2}\right)^2}} \quad \Rightarrow \quad F_E = \frac{\dfrac{d}{2} \cdot mg}{\sqrt{l^2 - \left(\dfrac{d}{2}\right)^2}}$$

$$F_E = \frac{0{,}040 \text{ m} \cdot 1{,}0 \cdot 10^{-3} \text{ kg} \cdot 9{,}8 \text{ m s}^{-2}}{\sqrt{(0{,}50 \text{ m})^2 - (0{,}040 \text{ m})^2}} = 7{,}9 \cdot 10^{-4} \text{ N}$$

Aufgabe 1.1c
S. 18

$$F_E = \frac{1}{4\pi\varepsilon_0} \cdot \frac{Q^2}{d^2} \quad \Rightarrow \quad Q = 2d \cdot \sqrt{\pi\varepsilon_0 F_E} =$$

$$= 2 \cdot 0{,}080 \text{ m} \cdot \sqrt{\pi \cdot 8{,}85 \cdot 10^{-12} \text{ C V}^{-1} \text{ m}^{-1} \cdot 7{,}9 \cdot 10^{-4} \text{ N}} = 2{,}4 \cdot 10^{-8} \text{ C}$$

Aufgabe 1.1d
S. 18

Die Abstoßungskräfte der beiden Kugeln wirken in Punkt A auf eine positive Probeladung q in entgegengesetzter Richtung. Da A von beiden Kugeln gleich weit entfernt ist, heben sich beide Kräfte auf und die elektrische Feldstärke ist $E = \dfrac{F}{q} = 0$.

Die Abstoßungskräfte der beiden Kugeln wirken in Punkt B auf eine positive Probeladung q in gleicher Richtung. Deshalb addieren sich ihre Beträge:

$$F = F_1 + F_2 = \frac{1}{4\pi\varepsilon_0} \cdot \frac{Qq}{r_1^2} + \frac{1}{4\pi\varepsilon_0} \cdot \frac{Qq}{r_2^2}$$

$$E = \frac{F}{q} = \frac{Q}{4\pi\varepsilon_0} \left(\frac{1}{r_1^2} + \frac{1}{r_2^2}\right) = \frac{Q}{4\pi\varepsilon_0} \left(\frac{1}{d^2} + \frac{1}{(2d)^2}\right) = \frac{Q}{4\pi\varepsilon_0} \cdot \frac{5}{4d^2}$$

$$= \frac{2{,}4 \cdot 10^{-8} \text{ C}}{4\pi \cdot 8{,}85 \cdot 10^{-12} \text{ C V}^{-1}\text{m}^{-1}} \cdot \frac{5}{4 \, (0{,}080 \text{ m})^2} = 4{,}2 \cdot 10^4 \text{ V m}^{-1}$$

Aufgabe 1.2a
S. 18

Feldstärke und Potenzial einer Metallkugel, die die Ladung Q trägt, sind ebenso groß wie die einer punktförmigen Ladung Q, die sich im Kugelmittelpunkt befindet. Dies gilt auch unmittelbar an der Oberfläche der Metallkugel.

$$E_0 = \frac{1}{4\pi\varepsilon_0} \cdot \frac{Q}{r_0^2} = \frac{1}{4\pi \cdot 8{,}85 \cdot 10^{-12} \text{ C V}^{-1}\text{m}^{-1}} \cdot \frac{3{,}8 \cdot 10^{-7} \text{ C}}{(0{,}15 \text{ m})^2} = 1{,}5 \cdot 10^5 \text{ V m}^{-1}$$

$$\varphi_0 = \frac{1}{4\pi\varepsilon_0} \cdot \frac{Q}{r_0} = \frac{1}{4\pi \cdot 8{,}85 \cdot 10^{-12}\,\mathrm{C\,V^{-1}m^{-1}}} \cdot \frac{3{,}8 \cdot 10^{-7}\,\mathrm{C}}{0{,}15\,\mathrm{m}} = 2{,}3 \cdot 10^4\,\mathrm{V}$$

Aufgabe 1.2 b
S. 18

Das Hochspannungsgerät liefert die Potenzialdifferenz zwischen Kugeloberfläche und dem geerdeten Minuspol (mit dem Potenzial null), also $U = \varphi_0 - 0 = 2{,}3 \cdot 10^4\,\mathrm{V}$.

Aufgabe 1.2 c
S. 18

Die Metallkugel hat den Radius 0,15 m. In 0,25 m Abstand von der Kugeloberfläche hat das Styroporkügelchen vom Mittelpunkt der Metallkugel die Entfernung $r_1 = 0{,}15\,\mathrm{m} + 0{,}25\,\mathrm{m} = 0{,}40\,\mathrm{m}$. Es wird in die Entfernung $r_2 = 0{,}40\,\mathrm{m} + 0{,}08\,\mathrm{m} = 0{,}48\,\mathrm{m}$ gebracht.

$$W = \frac{Qq}{4\pi\varepsilon_0} \cdot \left(\frac{1}{r_2} - \frac{1}{r_1}\right) =$$

$$= \frac{3{,}8 \cdot 10^{-7}\,\mathrm{C} \cdot (-4{,}3 \cdot 10^{-9}\,\mathrm{C})}{4\pi \cdot 8{,}85 \cdot 10^{-12}\,\mathrm{C\,V^{-1}m^{-1}}} \cdot \left(\frac{1}{0{,}48\,\mathrm{m}} - \frac{1}{0{,}40\,\mathrm{m}}\right) = 6{,}1 \cdot 10^{-6}\,\mathrm{J}$$

Aufgabe 1.2 d
S. 19

In der Entfernung $r_2 = \infty$ befindet sich das Styroporkügelchen völlig außerhalb des Anziehungsbereichs der Metallkugel. Wegen $\dfrac{1}{r_2} = 0$ ergibt sich für die aufzuwendende Arbeit also

$$W_1 = \frac{Qq}{4\pi\varepsilon_0} \cdot \left(\frac{1}{r_2} - \frac{1}{r_1}\right) = -\frac{Qq}{4\pi\varepsilon_0} \cdot \frac{1}{r_1} =$$

$$= -\frac{3{,}8 \cdot 10^{-7}\,\mathrm{C} \cdot (-4{,}3 \cdot 10^{-9}\,\mathrm{C})}{4\pi \cdot 8{,}85 \cdot 10^{-12}\,\mathrm{C\,V^{-1}m^{-1}}} \cdot \frac{1}{0{,}40\,\mathrm{m}} = 3{,}7 \cdot 10^{-5}\,\mathrm{J}$$

Aufgabe 1.3 a
S. 19

$$C = \varepsilon_0 \frac{A}{d} = \varepsilon_0 \frac{\pi r^2}{d} = 8{,}85 \cdot 10^{-12}\,\mathrm{C\,V^{-1}m^{-1}} \frac{\pi (0{,}35\,\mathrm{m})^2}{0{,}020\,\mathrm{m}} = 1{,}7 \cdot 10^{-10}\,\mathrm{F}$$

Aufgabe 1.3 b
S. 19

$$Q = C \cdot U = 1{,}7 \cdot 10^{-10}\,\mathrm{F} \cdot 2{,}0 \cdot 10^3\,\mathrm{V} = 3{,}4 \cdot 10^{-7}\,\mathrm{C}$$

Aufgabe 1.3 c
S. 19

$$E = \frac{U}{d} = \frac{2{,}0 \cdot 10^3\,\mathrm{V}}{0{,}020\,\mathrm{m}} = 1{,}0 \cdot 10^5\,\mathrm{V\,m^{-1}}$$

$$W = \frac{1}{2}CU^2 = \frac{1}{2} \cdot 1{,}7 \cdot 10^{-10}\,\mathrm{F} \cdot (2{,}0 \cdot 10^3\,\mathrm{V})^2 = 3{,}4 \cdot 10^{-4}\,\mathrm{J}$$

Aufgabe 1.3 d
S. 19

$$D = \frac{Q}{A} = \frac{Q}{\pi r^2} = \frac{3{,}4 \cdot 10^{-7}\,\mathrm{C}}{\pi (0{,}35\,\mathrm{m})^2} = 8{,}8 \cdot 10^{-7}\,\mathrm{C\,m^{-2}}$$

Fläche einer Kondensatorplatte: $A = \pi r^2 = \pi\,(0{,}14\ \text{m})^2 = 6{,}2 \cdot 10^{-2}\ \text{m}^2$

Aufgabe 1.4 a
S. 19

$$C = \varepsilon_0 \frac{A}{d} = 8{,}85 \cdot 10^{-12}\ \text{C}\,\text{V}^{-1}\text{m}^{-1}\ \frac{6{,}2 \cdot 10^{-2}\,\text{m}^2}{0{,}080\ \text{m}} = 6{,}9 \cdot 10^{-12}\ \text{F}$$

Ladung einer Kondensatorplatte:
$$Q = C \cdot U = 6{,}9 \cdot 10^{-12}\ \text{F} \cdot 12 \cdot 10^3\ \text{V} = 8{,}3 \cdot 10^{-8}\ \text{C}$$

Flächenladungsdichte einer Kondensatorplatte:
$$D = \frac{Q}{A} = \frac{8{,}3 \cdot 10^{-8}\ \text{C}}{6{,}2 \cdot 10^{-2}\ \text{m}^2} = 1{,}3 \cdot 10^{-6}\ \text{C}\,\text{m}^{-2}$$

Wenn das Metallplättchen mit der Kondensatorplatte (die ihrerseits mit der Spannungsquelle verbunden ist) flächig in Berührung gebracht wird, so wird es mit derselben Flächenladungsdichte geladen wie die Kondensatorplatte.

Aufgabe 1.4 b
S. 19

Für die Flächenladungsdichte $\frac{q}{A_\text{p}}$ des Metallplättchens gilt also: $\dfrac{q}{A_\text{p}} = \dfrac{Q}{A}$

$$\Rightarrow\quad q = \frac{Q}{A} \cdot A_\text{p} = 1{,}3 \cdot 10^{-6}\ \text{C}\,\text{m}^{-2} \cdot 3{,}5 \cdot (10^{-2}\ \text{m})^2 = 4{,}6 \cdot 10^{-10}\ \text{C}$$

Der Faden wird gespannt durch die Gewichtskraft $F_\text{g} = mg$ und die Kraft des elektrischen Feldes $F_\text{E} = qE = \dfrac{qU}{d}$.

Aufgabe 1.4 c
S. 19

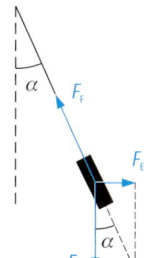

$$\tan\alpha = \frac{F_\text{E}}{F_\text{g}} = \frac{qU}{mgd} = \frac{4{,}6 \cdot 10^{-10}\ \text{C} \cdot 12 \cdot 10^3\ \text{V}}{0{,}27 \cdot 10^{-3}\ \text{kg} \cdot 9{,}8\ \text{m}\,\text{s}^{-2} \cdot 0{,}080\ \text{m}}$$

$$\Rightarrow\quad \alpha = 1{,}5°$$

Kapazität, Ladung und Flächenladungsdichte werden vor dem Verdoppeln des Abstands von d auf $d_1 = 2d$ mit C, Q und D bezeichnet und nach dem Verdoppeln mit C_1, Q_1 und D_1.

Aufgabe 1.4 d
S. 19

$$C_1 = \frac{\varepsilon_0 A}{d_1} = \frac{\varepsilon_0 A}{2d} = \frac{1}{2}\,C \qquad Q_1 = C_1 U = \frac{1}{2}\,C \cdot U = \frac{1}{2}\,Q$$

$$D_1 = \frac{Q_1}{A} = \frac{1}{2} \cdot \frac{Q}{A} = \frac{1}{2} \cdot 1{,}3 \cdot 10^{-6}\ \text{C}\,\text{m}^{-2} = 6{,}5 \cdot 10^{-7}\ \text{C}\,\text{m}^{-2}$$

$$C_0 = \frac{\varepsilon_0 A_0}{d_0} \qquad C_1 = \frac{\varepsilon_0 A_0}{d_1} = \frac{\varepsilon_0 A_0}{3 \cdot d_0} = \frac{1}{3} \cdot \frac{\varepsilon_0 A_0}{d_0} = \frac{1}{3} \cdot C_0$$

Aufgabe 1.5 a
S. 19

Aufgabe 1.5 b
S. 20

Da die Spannungsquelle abgetrennt ist, bleibt die Ladung konstant: $Q_1 = Q_0$

$$U_1 = \frac{Q_1}{C_1} = \frac{Q_0}{\frac{1}{3}C_0} = 3 \cdot \frac{Q_0}{C_0} = 3 \cdot U_0$$

$$E_0 = \frac{U_0}{d_0} \qquad E_1 = \frac{U_1}{d_1} = \frac{3U_0}{3d_0} = \frac{U_0}{d_0} = E_0$$

$$W_0 = \frac{1}{2}C_0U_0^2 \qquad W_1 = \frac{1}{2}C_1U_1^2 = \frac{1}{2}\cdot\frac{1}{3}C_0(3U_0)^2 = 3\cdot\frac{1}{2}C_0U_0^2 = 3\cdot W_0$$

1

Aufgabe 1.5 c
S. 20

Die entgegengesetzt geladenen Kondensatorplatten ziehen sich gegenseitig an. Beim Auseinanderziehen ist also Arbeit aufzuwenden. Diese Arbeit erhöht den Energieinhalt des elektrischen Feldes von W_0 auf W_1. Die aufgewendete Arbeit ist demnach:

$$W = W_1 - W_0 = 3\cdot W_0 - W_0 = 2\cdot W_0 = 2\cdot\frac{1}{2}C_0U_0^2 = C_0U_0^2 = \frac{\varepsilon_0 A_0}{d_0}\cdot U_0^2 =$$

$$= \frac{8{,}85\cdot 10^{-12}\,\mathrm{C\,V^{-1}m^{-1}}\cdot 0{,}38\,\mathrm{m}^2}{0{,}020\,\mathrm{m}}\cdot(2{,}0\cdot 10^3\,\mathrm{V})^2 = 6{,}7\cdot 10^{-4}\,\mathrm{J}$$

Aufgabe 1.6 a
S. 20

$$E = \frac{U}{d} = \frac{1{,}4\cdot 10^3\,\mathrm{V}}{3{,}0\cdot 10^{-2}\,\mathrm{m}} = 4{,}7\cdot 10^4\,\mathrm{V\,m^{-1}}$$

$$C = \frac{\varepsilon_0 A}{d} = \frac{\varepsilon_0\, l^2}{d} = \frac{8{,}85\cdot 10^{-12}\,\mathrm{C\,V^{-1}m^{-1}}(0{,}20\,\mathrm{m})^2}{3{,}0\cdot 10^{-2}\,\mathrm{m}} = 1{,}2\cdot 10^{-11}\,\mathrm{F}$$

$$W = \frac{1}{2}CU^2 = \frac{1}{2}\cdot 1{,}2\cdot 10^{-11}\,\mathrm{F}\cdot(1{,}4\cdot 10^3\,\mathrm{V})^2 = 1{,}2\cdot 10^{-5}\,\mathrm{J}$$

Aufgabe 1.6 b
S. 20

$C_1 = \varepsilon_r \cdot C = 7{,}0\cdot C$ \qquad Die Ladung der Platten bleibt unverändert.

$$U_1 = \frac{Q}{C_1} = \frac{Q}{7{,}0\cdot C} = \frac{1}{7{,}0}\cdot U = \frac{1{,}4\cdot 10^3\,\mathrm{V}}{7{,}0} = 2{,}0\cdot 10^2\,\mathrm{V}$$

$$E_1 = \frac{U_1}{d} = \frac{1}{7{,}0}\cdot\frac{U}{d} = \frac{1}{7{,}0}\cdot E = \frac{4{,}7\cdot 10^4\,\mathrm{V\,m^{-1}}}{7{,}0} = 6{,}7\cdot 10^3\,\mathrm{V\,m^{-1}}$$

$$W_1 = \frac{1}{2}\cdot C_1 U_1^2 = \frac{1}{2}\cdot 7{,}0\cdot C\cdot\left(\frac{1}{7{,}0}\cdot U\right)^2 = \frac{1}{7{,}0}\cdot\frac{1}{2}\cdot CU^2 = \frac{1}{7{,}0}\cdot W =$$

$$= \frac{1{,}2\cdot 10^{-5}\,\mathrm{J}}{7{,}0} = 1{,}7\cdot 10^{-6}\,\mathrm{J}$$

Das Öltröpfchen schwebt, wenn die Kraft des elektrischen Feldes F_E die Gewichtskraft F_g kompensiert:

Aufgabe 2.1 a
S. 26

$$F_E = F_g \quad \Rightarrow \quad mg = q\frac{U}{d} \quad \Rightarrow \quad q = \frac{mgd}{U}$$

$$m = \frac{4}{3}\pi r^3 \varrho = \frac{4}{3}\pi (1{,}2 \cdot 10^{-6}\,\text{m})^3 \cdot 0{,}95 \cdot (10^{-3}\,\text{kg}) \cdot (10^{-2}\,\text{m})^{-3} = 6{,}9 \cdot 10^{-15}\,\text{kg}$$

$$q = \frac{6{,}9 \cdot 10^{-15}\,\text{kg} \cdot 9{,}8\,\text{m\,s}^{-2} \cdot 5{,}0 \cdot 10^{-3}\,\text{m}}{526\,\text{V}} = 6{,}4 \cdot 10^{-19}\,\text{C}$$

Die Anzahl der Elementarladungen beträgt: $\quad n = \dfrac{q}{e} = \dfrac{6{,}4 \cdot 10^{-19}\,\text{C}}{1{,}6 \cdot 10^{-19}\,\text{C}} = 4$

2

Schaltet man die Spannung ab, so wird das Tröpfchen durch seine Gewichtskraft nach unten beschleunigt. Mit steigender Geschwindigkeit steigt auch die Luftreibungskraft.
Wenn die Beträge von Gewichtskraft und Luftreibungskraft gleich groß geworden sind, so sinkt das Öltröpfchen weiter mit konstanter Geschwindigkeit.

Aufgabe 2.1 b
S. 26

Wegen seiner negativen Ladung wird ein Elektron im elektrischen Feld abgebremst, wenn es sich in Feldrichtung bewegt.

Aufgabe 2.2 a
S. 26

Die kinetische Energie E_k eines Elektrons beim Eintritt ins elektrische Feld ist am Umkehrpunkt vollständig an das Feld abgegeben worden. Die an das Feld abgegebene Energie W hängt also nur von der *durchlaufenen* Spannung U ab: $W = eU$

Aufgabe 2.2 b
S. 26

Es gilt: $W = E_k$

$$eU = \frac{1}{2}mv^2 \quad \Rightarrow \quad U = \frac{mv_0^2}{2e}$$

Wenn das Elektron im homogenen Längsfeld auf der Strecke d die Spannung U durchläuft, hat das Feld die Feldstärke

$$E = \frac{U}{d} = \frac{mv_0^2}{2ed} = \frac{9{,}1 \cdot 10^{-31}\,\text{kg} \cdot (1{,}8 \cdot 10^7\,\text{m\,s}^{-1})^2}{2 \cdot 1{,}6 \cdot 10^{-19}\,\text{C} \cdot 0{,}12\,\text{m}} = 7{,}7 \cdot 10^3\,\text{V\,m}^{-1}$$

Kinetische Energie nach Durchlaufen von U_B:

Aufgabe 2.3 a
S. 27

$$\frac{1}{2}mv^2 = eU_B \quad \Rightarrow \quad v = \sqrt{2\frac{e}{m}U_B} = \sqrt{2 \cdot 1{,}76 \cdot 10^{11}\,\text{C\,kg}^{-1} \cdot 200\,\text{V}} = 8{,}39 \cdot 10^6\,\text{m\,s}^{-1}$$

$$E = \frac{U_A}{d} = \frac{500\,\text{V}}{2{,}0 \cdot 10^{-2}\,\text{m}} = 2{,}5 \cdot 10^4\,\text{V\,m}^{-1}$$

Aufgabe 2.3 b
S. 27

Aufgabe 2.3 c
S. 27

$$y = \frac{a}{2v^2} \cdot x^2$$

$$F = ma = eE \quad \Rightarrow \quad a = \frac{e}{m} \cdot E = 1{,}76 \cdot 10^{11}\ \text{C kg}^{-1} \cdot 2{,}5 \cdot 10^4\ \text{V m}^{-1} =$$

$$= 4{,}4 \cdot 10^{15}\ \text{m s}^{-2}$$

$$y = \frac{4{,}4 \cdot 10^{15}\ \text{m s}^{-2}}{2 \cdot (8{,}39 \cdot 10^6\ \text{m s}^{-1})^2} \cdot x^2 \quad \Rightarrow \quad y = (31\ \text{m}^{-1}) \cdot x^2$$

Aufgabe 2.3 d
S. 27

Die y-Koordinate des Auftreffpunkts ist $y_\text{T} = \dfrac{d}{2} = 1{,}0 \cdot 10^{-2}\ \text{m}$.

Wegen $y_\text{T} = (31\ \text{m}^{-1}) \cdot x_\text{T}^2$ erhält man für die x-Koordinate des Auftreffpunkts:

$$x_\text{T} = \sqrt{\frac{y_\text{T}}{31\ \text{m}^{-1}}} = \sqrt{\frac{1{,}0 \cdot 10^{-2}\ \text{m}}{31\ \text{m}^{-1}}} = 1{,}8 \cdot 10^{-2}\ \text{m}$$

Aufgabe 2.3 e
S. 27

Die Bewegung in x-Richtung erfolgt mit der konstanten Geschwindigkeit v.
Also gilt:

$$x_\text{T} = v t_\text{T} \quad \Rightarrow \quad t_\text{T} = \frac{x_\text{T}}{v} = \frac{1{,}8 \cdot 10^{-2}\ \text{m}}{8{,}39 \cdot 10^6\ \text{m s}^{-1}} = 2{,}1 \cdot 10^{-9}\ \text{s}$$

Aufgabe 2.3 f
S. 27

Der Betrag des Geschwindigkeitsvektors im Auftreffpunkt ergibt sich aus seinen Komponenten in x- und in y-Richtung:

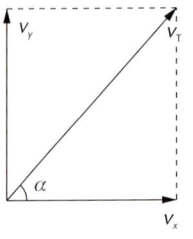

$$v_\text{T} = \sqrt{v_x{}^2 + v_y{}^2}$$
$$v_x = v = 8{,}39 \cdot 10^6\ \text{m s}^{-1}$$
$$v_y = a t_\text{T} = 4{,}4 \cdot 10^{15}\ \text{m s}^{-1} \cdot 2{,}1 \cdot 10^{-9}\ \text{s} = 9{,}2 \cdot 10^6\ \text{m s}^{-1}$$

$$v_\text{T} = \sqrt{(8{,}39 \cdot 10^6\ \text{m s}^{-1})^2 + (9{,}2 \cdot 10^6\ \text{m s}^{-1})^2} = 1{,}2 \cdot 10^7\ \text{m s}^{-1}$$

Aufgabe 2.3 g
S. 27

Aus obiger Skizze ergibt sich: $\tan\alpha = \dfrac{v_y}{v_x} = \dfrac{9{,}2 \cdot 10^6\ \text{m s}^{-1}}{8{,}4 \cdot 10^6\ \text{m s}^{-1}} \quad \Rightarrow \quad \alpha = 48°$

Aufgabe 2.4 a
S. 27

Geschwindigkeit der Elektronen nach Durchlaufen der Spannung U_B:

$$\frac{1}{2}mv^2 = eU_\text{B} \quad \Rightarrow \quad v = \sqrt{2\,\frac{e}{m}\,U_\text{B}}$$

Beschleunigung der Elektronen im Plattenkondensator:

$$ma = e\,\frac{U_\text{A}}{d} \quad \Rightarrow \quad a = \frac{e}{m} \cdot \frac{U_\text{A}}{d}$$

Bahnkurve:

$$x = vt \quad \Rightarrow \quad t = \frac{x}{v}$$
$$\left.\begin{array}{l} \\ y = \frac{a}{2}\,t^2 \end{array}\right\} \Rightarrow \quad y = \frac{a}{2}\left(\frac{x}{v}\right)^2 = \frac{1}{2}\cdot\frac{a}{v^2}\cdot x^2$$

$$y = \frac{1}{2}\cdot\frac{\dfrac{e}{m}\cdot\dfrac{U_A}{d}}{2\cdot\dfrac{e}{m}\cdot U_B}\cdot x^2 \quad \Rightarrow \quad y = \frac{U_A}{4dU_B}\cdot x^2$$

Aufgabe 2.4 b

S. 27

Die Elektronen treffen auf die positive Platte, wenn die Ablenkspannung mindestens so groß ist, dass die Elektronen noch den Endpunkt der Platte mit den Koordinaten $x = l$ und $y = \dfrac{d}{2}$ treffen:

$$\frac{d}{2} = \frac{U_{Am}}{4dU_B}\cdot l^2 \quad \Rightarrow \quad U_{Am} = \frac{2d^2}{l^2}\cdot U_B$$

Lösungen Kap. 3

Aufgabe 3.1

S. 34

Betrag der Kraft auf den horizontalen Teil des Drahtbügels:
$F_l = lIB = 0{,}060\ \text{m} \cdot 3{,}6\ \text{A} \cdot 0{,}25\ \text{T} = 0{,}054\ \text{N}$

Betrag der Kraft auf einen der beiden vertikalen Teile des Drahtbügels:
$F_d = dIB = 0{,}040\ \text{m} \cdot 3{,}6\ \text{A} \cdot 0{,}25\ \text{T} = 0{,}036\ \text{N}$

Die Kraftrichtung in den einzelnen Teilen des Drahtbügels ergibt sich aus der Rechte-Hand-Regel:
Daumen in Stromrichtung, Zeigefinger in Magnetfeldrichtung, Mittelfinger in Kraftrichtung:

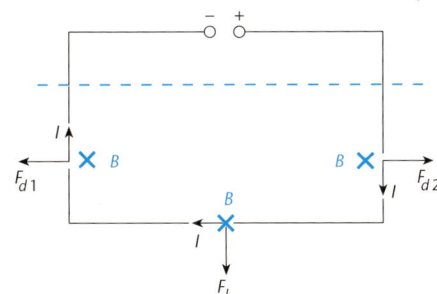

Im linken und im rechten vertikalen Teil fließt der Strom in entgegengesetzter Richtung. Daher kompensieren sich die Kräfte F_{d1} und F_{d2}. Allein der im Magnetfeld befindliche horizontale Teil des Drahtbügels ist für die auf den gesamten Drahtbügel wirkende Kraft verantwortlich:

$F = F_l = 0{,}054\ \text{N}$ Diese Kraft ist nach unten gerichtet.

In Kapitel 3.2 wurde die magnetische Flussdichte durch einen Versuch mit der Stromwaage eingeführt. Jetzt verstehen Sie, warum die ins Magnetfeld reichenden vertikalen Leiterteile dabei ignoriert werden konnten.

$$B = \mu_0 \cdot \frac{N}{l} \cdot I = 4\pi \cdot 10^{-7}\ \mathrm{V\,s\,A^{-1}\,m^{-1}} \cdot \frac{2000}{0{,}60\ \mathrm{m}} \cdot 1{,}5\ \mathrm{A} = 6{,}3 \cdot 10^{-3}\ \mathrm{T}$$

Das Magnetfeld im Innern der Spule ist parallel zur Spulenachse gerichtet.

Fall I: Die Stromrichtung im Drahtstück ist senkrecht zur Magnetfeldrichtung. Die Kraft auf das Drahtstück beträgt deshalb:

$$F = l_D I_D B = 0{,}025\ \mathrm{m} \cdot 8{,}0\ \mathrm{A} \cdot 6{,}3 \cdot 10^{-3}\ \mathrm{T} = 1{,}3 \cdot 10^{-3}\ \mathrm{N}$$

Fall II: Die Stromrichtung im Drahtstück ist parallel (oder antiparallel) zur Magnetfeldrichtung. Es wirkt keine Kraft auf das Drahtstück.

3

$$B_H = \mu_0 \cdot \frac{N}{l} \cdot I =$$

$$= 4\pi \cdot 10^{-7}\ \mathrm{V\,s\,A^{-1}\,m^{-1}} \cdot \frac{500}{0{,}30\ \mathrm{m}} \cdot 0{,}010\ \mathrm{A} = 2{,}1 \cdot 10^{-5}\ \mathrm{T}$$

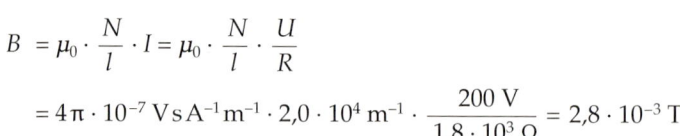

$$\cos\alpha = \frac{B_H}{B} \quad \Rightarrow \quad B = \frac{B_H}{\cos\alpha} = \frac{2{,}1 \cdot 10^{-5}\ \mathrm{T}}{\cos 67°} = 5{,}4 \cdot 10^{-5}\ \mathrm{T}$$

Die Feldspule erzeugt die magnetische Flussdichte

$$B = \mu_0 \cdot \frac{N}{l} \cdot I = \mu_0 \cdot \frac{N}{l} \cdot \frac{U}{R}$$

$$= 4\pi \cdot 10^{-7}\ \mathrm{V\,s\,A^{-1}\,m^{-1}} \cdot 2{,}0 \cdot 10^{4}\ \mathrm{m^{-1}} \cdot \frac{200\ \mathrm{V}}{1{,}8 \cdot 10^{3}\ \Omega} = 2{,}8 \cdot 10^{-3}\ \mathrm{T}$$

Die zusätzliche Kraft F ist die Kraft des Magnetfelds der Feldspule auf die 50 unteren waagrechten Leiterstücke der kleinen Spule. Wenn auf n Leiterstücke der Länge l, die alle vom selben Strom I durchflossen werden, jeweils dieselbe Kraft $l \cdot I \cdot B$ wirkt, so beträgt die gesamte Kraft $F = n \cdot l \cdot I \cdot B$.
Die magnetischen Kräfte auf die senkrechten Leiterstücke kompensieren sich. Die oberen waagrechten Leiterstücke tauchen nicht in die Feldspule ein. Auf sie wirken keine magnetischen Kräfte.

$$F = n \cdot b \cdot I \cdot B \quad \Rightarrow \quad I = \frac{F}{n \cdot b \cdot B} = \frac{24 \cdot 10^{-3}\ \mathrm{N}}{50 \cdot 5{,}0 \cdot 10^{-2}\ \mathrm{m} \cdot 2{,}8 \cdot 10^{-3}\ \mathrm{T}} = 3{,}4\ \mathrm{A}$$

Die Stromwaage misst die magnetische Flussdichte:

$$B = \frac{F}{l \cdot I} = \frac{2{,}8 \cdot 10^{-3}\ \mathrm{N}}{0{,}035\ \mathrm{m} \cdot 2{,}5\ \mathrm{A}} = 0{,}032\ \mathrm{T}$$

Im Innern der Feldspule gilt $B = \mu_0 \cdot \dfrac{N_F}{l_F} \cdot I_F$.

$$\Rightarrow \quad \mu_0 = \frac{l_F \cdot B}{N_F \cdot I_F} = \frac{0{,}65\ \mathrm{m} \cdot 0{,}032\ \mathrm{T}}{2000 \cdot 8{,}2\ \mathrm{A}} = 1{,}3 \cdot 10^{-6}\ \mathrm{V\,s\,A^{-1}\,m^{-1}}$$

Für Elektronen gilt die Linke-Hand-Regel:

Aufgabe 4.1 a
S. 43

Die LORENTZ-Kraft wirkt nach vorn (auf den Betrachter zu).

4

Das Elektron bewegt sich mit der Ladung $q = e$ senkrecht zur Magnetfeldrichtung und es gilt:

$$F_a = evB = 1{,}6 \cdot 10^{-19} \, C \cdot 1{,}2 \cdot 10^7 \, m\,s^{-1} \cdot 2{,}5 \cdot 10^{-3} \, T = 4{,}8 \cdot 10^{-15} \, N$$

Bewegungsrichtung und Magnetfeldrichtung sind antiparallel. Ebenso wie bei parallelen Richtungen gibt es keine LORENTZ-Kraft.

Aufgabe 4.1 b
S. 43

Die zur Feldrichtung senkrechte Komponente v_s des Geschwindigkeitsvektors v ist für die LORENTZ-Kraft verantwortlich.

Aufgabe 4.1 c
S. 43

v_s ist nach rechts und B nach unten gerichtet, ebenso wie v und B in Teilaufgabe a. Also gilt wie in Teilaufgabe a: Die LORENTZ-Kraft F_c wirkt nach vorn (auf den Betrachter zu).

$$v_s = v \cdot \sin\alpha$$

$$F_c = ev_sB = evB \cdot \sin\alpha = F_a \cdot \sin\alpha =$$

$$= 4{,}8 \cdot 10^{-15} \, N \cdot \sin 30° = 2{,}4 \cdot 10^{-15} \, N$$

Das Elektron bewegt sich senkrecht zur Magnetfeldrichtung und es gilt:

Aufgabe 4.1 d
S. 43

$$F_d = F_a = 4{,}8 \cdot 10^{-15} \, N$$

Linke-Hand-Regel:

Das Magnetfeld ist nach hinten (vom Betrachter weg) gerichtet. Die LORENTZ-Kraft F_d wirkt in der Zeichenebene senkrecht zur Bewegungsrichtung.

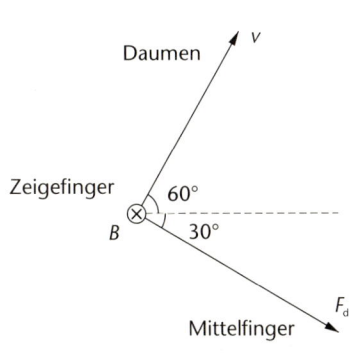

Aufgabe 4.2 a
S. 43

Die negativen Ionen werden von der positiven oberen Kondensatorplatte angezogen. Wenn die Ionen nicht abgelenkt werden sollen, muss die Kraft des magnetischen Feldes B_1 also nach unten wirken.

Linke-Hand-Regel für negative Ionen:

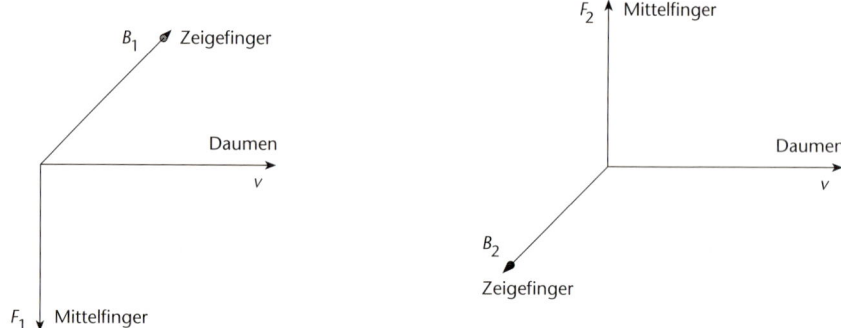

Das Magnetfeld B_1 ist nach hinten (vom Betrachter weg) gerichtet.
Im Magnetfeld B_2 werden die nach rechts fliegenden Ionen nach oben abgelenkt. Es ist nach vorn (zum Betrachter hin) gerichtet.

Aufgabe 4.2 b
S. 43

Für die nicht abgelenkten Ionen gilt: Die Kraft des E_1-Felds und die Kraft des B_1-Felds kompensieren sich:

$$F_{E1} = F_{B1} \quad \Rightarrow \quad qE_1 = qvB_1 \quad \Rightarrow \quad v = \frac{E_1}{B_1} = \frac{2{,}0 \cdot 10^3 \, \text{V m}^{-1}}{0{,}050 \, \text{T}} = 4{,}0 \cdot 10^4 \, \text{m s}^{-1}$$

Aufgabe 4.2 c
S. 44

Die Ionen treten senkrecht zu den Feldlinien in das homogene B_2-Feld ein. Die LORENTZ-Kraft F_{B2} wirkt als Zentripetalkraft F_r:

$$F_r = F_{B2} \quad \Rightarrow \quad \frac{mv^2}{r} = qvB_2 \quad \Rightarrow \quad m = \frac{qB_2 r}{v}$$

d_1 und d_2 sind die Durchmesser zweier Halbkreise, deren Radien
$r_1 = \frac{1}{2} d_1 = 3{,}6 \, \text{cm}$ und $r_2 = \frac{1}{2} d_2 = 3{,}8 \, \text{cm}$ sind.

$$m_1 = \frac{qB_2 r_1}{v} = \frac{1{,}6 \cdot 10^{-19} \, \text{C} \cdot 0{,}40 \, \text{T} \cdot 0{,}036 \, \text{m}}{4{,}0 \cdot 10^4 \, \text{m s}^{-1}} = 5{,}8 \cdot 10^{-26} \, \text{kg}$$

$$m_2 = \frac{qB_2 r_2}{v} = \frac{1{,}6 \cdot 10^{-19} \, \text{C} \cdot 0{,}40 \, \text{T} \cdot 0{,}038 \, \text{m}}{4{,}0 \cdot 10^4 \, \text{m s}^{-1}} = 6{,}1 \cdot 10^{-26} \, \text{kg}$$

$$M_1 = \frac{5{,}8 \cdot 10^{-26} \, \text{kg}}{1{,}66 \cdot 10^{-27} \, \text{kg}} = 35 \qquad\qquad M_2 = \frac{6{,}1 \cdot 10^{-26} \, \text{kg}}{1{,}66 \cdot 10^{-27} \, \text{kg}} = 37$$

Chlor hat die Isotope ^{35}Cl und ^{37}Cl.

Aufgabe 4.2 d
S. 44

Die Auftreffstelle auf der Fotoplatte hängt vom Radius der Kreisbahn im B_2-Feld ab.

$$\frac{mv^2}{r} = qvB_2 \quad \Rightarrow \quad r = \frac{mv}{qB_2}$$

Der Radius r hängt außer von der Masse m noch von der Ladung q und der Geschwindigkeit v des Ions ab. Bei unterschiedlichen Werten von q und v würden Ionen derselben Masse an verschiedenen Stellen auf der Fotoplatte auftreffen. Für r könnte kein einheitlicher Wert gemessen werden und deshalb m nicht bestimmt werden.

Aufgabe 4.3
S. 44

Beim Durchlaufen der Spannung U nimmt das Elektron aus dem Feld die elektrische Energie $E_{el} = eU$ auf. Seine kinetische Energie ist also:

$$E_k = E_{el} \quad \Rightarrow \quad \frac{1}{2} mv^2 = eU \quad \Rightarrow \quad v = \sqrt{2\frac{e}{m}U}$$

4

Da sich die Elektronen senkrecht zu den Feldlinien des homogenen Magnetfelds bewegen, ist die LORENTZ-Kraft eine Zentripetalkraft:

$$\frac{mv^2}{r} = evB \quad \Rightarrow \quad \frac{e}{m} = \frac{v}{Br}$$

$$\frac{e}{m} = \frac{\sqrt{2\frac{e}{m}U}}{Br} \quad \Rightarrow \quad \left(\frac{e}{m}\right)^2 = \frac{2\frac{e}{m}U}{B^2r^2} \quad \Rightarrow \quad \frac{e}{m} = \frac{2U}{B^2r^2}$$

$$\frac{e}{m} = \frac{2 \cdot 970 \text{ V}}{(2{,}5 \cdot 10^{-3} \text{ T})^2 \cdot (0{,}042 \text{ m})^2} = 1{,}8 \cdot 10^{11} \text{ C kg}^{-1}$$

Aufgabe 4.4 a
S. 44

Beim Eintritt ins Magnetfeld bewegen sich die Elektronen von links nach rechts. Die Kraft des Magnetfelds wirkt zum Mittelpunkt des Halbkreises hin, also nach oben.

Linke-Hand-Regel (für negativ geladene Teilchen):

Das Magnetfeld ist senkrecht zur Halbkreisebene nach vorn (auf den Betrachter zu) gerichtet.

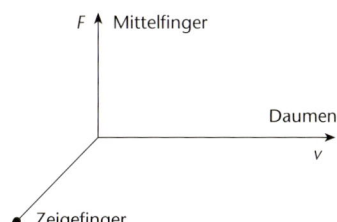

Aufgabe 4.4 b
S. 44

Die kinetische Energie eines Elektrons beim Eintritt ins Magnetfeld ist gleich der elektrischen Energie, die es im elektrischen Längsfeld aufgenommen hat:

$$\frac{1}{2} mv_1^2 = eU_1 \quad \Rightarrow \quad v_1 = \sqrt{2 \cdot \frac{e}{m} \cdot U_1} = \sqrt{2 \cdot 1{,}76 \cdot 10^{11} \text{ C kg}^{-1} \cdot 250 \text{ V}} =$$

$$= 9{,}38 \cdot 10^6 \text{ m s}^{-1}$$

Die für die Kreisbewegung erforderliche Zentripetalkraft ist die LORENTZ-Kraft:

$$\frac{mv_1^2}{r_1} = ev_1B \quad \Rightarrow \quad \frac{v_1}{r_1} = \frac{e}{m} \cdot B$$

$$\Rightarrow \quad B = \frac{mv_1}{er_1} = \frac{9{,}1 \cdot 10^{-31} \text{ kg} \cdot 9{,}38 \cdot 10^6 \text{ m s}^{-1}}{1{,}6 \cdot 10^{-19} \text{ C} \cdot 0{,}016 \text{ m}} = 3{,}3 \cdot 10^{-3} \text{ T}$$

Aufgabe 4.4 c
S. 44

$$v_2 = \sqrt{2 \cdot \frac{e}{m} \cdot U_2} = \sqrt{2 \cdot 1{,}76 \cdot 10^{11}\,\mathrm{C\,kg^{-1}} \cdot 1{,}3 \cdot 10^3\,\mathrm{V}} = 2{,}1 \cdot 10^7\,\mathrm{m\,s^{-1}}$$

$$\frac{v_2}{r_2} = \frac{e}{m}B \quad \Rightarrow \quad r_2 = \frac{v_2}{\dfrac{e}{m}B} = \frac{2{,}1 \cdot 10^7\,\mathrm{m\,s^{-1}}}{1{,}76 \cdot 10^{11}\,\mathrm{C\,kg^{-1}} \cdot 3{,}3 \cdot 10^{-3}\,\mathrm{T}} = 3{,}6 \cdot 10^{-2}\,\mathrm{m}$$

Aufgabe 4.4 d
S. 44

Zentripetalkraft = LORENTZ-Kraft:

$$\frac{mv^2}{r} = evB \quad \Rightarrow \quad r = \frac{mv}{eB}$$

Der auf dem Halbkreis zurückgelegte Weg ist: $\quad s = \pi \cdot r = \pi \cdot \dfrac{mv}{eB}$

Die Aufenthaltsdauer im Magnetfeld beträgt: $\quad t = \dfrac{s}{v} = \pi \cdot \dfrac{m}{eB}$

Sie hängt nicht von der Geschwindigkeit v bzw. der Beschleunigungsspannung U ab. Sowohl für U_1 als auch für U_2 ist die Aufenthaltsdauer:

$$t = \frac{\pi \cdot 9{,}1 \cdot 10^{-31}\,\mathrm{kg}}{1{,}6 \cdot 10^{-19}\,\mathrm{C} \cdot 3{,}3 \cdot 10^{-3}\,\mathrm{T}} = 5{,}4 \cdot 10^{-9}\,\mathrm{s}$$

Aufgabe 4.5 a
S. 45

Die Kraft des elektrischen Feldes wirkt nach oben, denn die positiv geladene obere Kondensatorplatte zieht Elektronen an, während die negativ geladene untere sie abstößt.

Die Kraftrichtung des Magnetfelds ergibt sich aus der Linke-Hand-Regel:

Die LORENTZ-Kraft ist nach unten gerichtet.

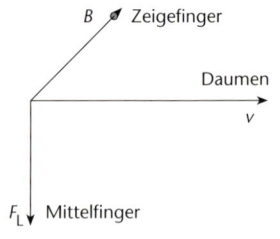

Aufgabe 4.5 b
S. 45

Ein Elektron erreicht den Spalt S unabgelenkt, wenn die Kraft des elektrischen Feldes F_E und die entgegengerichtete LORENTZ-Kraft F_L denselben Betrag haben:

$$F_E = F_L \quad \Rightarrow \quad eE = evB \quad \Rightarrow \quad e\frac{U}{d} = evB$$

$$\Rightarrow \quad v = \frac{U}{dB} = \frac{250\,\mathrm{V}}{0{,}050\,\mathrm{m} \cdot 0{,}045\,\mathrm{T}} = 1{,}1 \cdot 10^5\,\mathrm{m\,s^{-1}}$$

Aufgabe 4.5 c
S. 45

Da v_1 kleiner ist als v, ist die LORENTZ-Kraft $F_{L_1} = ev_1B$ kleiner als F_L und damit kleiner als die von der Geschwindigkeit unabhängige Kraft des elektrischen Feldes F_E. Die Elektronen werden nach oben abgelenkt.

Nur die Elektronen, die die Geschwindigkeit $v = 1,1 \cdot 10^5 \, \mathrm{m\,s^{-1}}$ haben, durchfliegen die Anordnung unabgelenkt. Elektronen mit anderen Geschwindigkeitsbeträgen können nicht durch den Austrittsspalt gelangen. Also werden durch den Versuchsaufbau Elektronen einheitlicher Geschwindigkeit ausgefiltert.

Aufgabe 4.5 d
S. 45

Da α-Teilchen zweifach positiv geladen sind, beträgt ihre Ladung $q = 2e = 2 \cdot 1,6 \cdot 10^{-19} \, \mathrm{C} = 3,2 \cdot 10^{-19} \, \mathrm{C}$.

Aufgabe 4.6 a
S. 45

Die LORENTZ-Kraft F_L wirkt als Zentripetalkraft F_r:

$$F_\mathrm{r} = F_\mathrm{L} \quad \Rightarrow \quad \frac{mv^2}{r} = qvB \quad \Rightarrow \quad r = \frac{mv}{qB}$$

4

Der in einer Dosenhälfte zurückgelegte Weg s ist der Umfang des Halbkreises:

$$s = \pi \cdot r = \pi \cdot \frac{mv}{qB}$$

Die Aufenthaltsdauer t in einer Dosenhälfte ist:

$$t = \frac{s}{v} = \pi \cdot \frac{m}{qB} = \frac{\pi \cdot 6,6 \cdot 10^{-27} \, \mathrm{kg}}{3,2 \cdot 10^{-19} \, \mathrm{C} \cdot 2,3 \, \mathrm{T}} = 2,8 \cdot 10^{-8} \, \mathrm{s}$$

t hängt nicht von der Geschwindigkeit des α-Teilchens ab.

Nachdem das α-Teilchen beide Dosenhälften durchlaufen hat, muss das elektrische Feld wieder dieselbe Polung haben. Die benötigte Zeit ist:

Aufgabe 4.6 b
S. 45

$$T = 2 \cdot t = 2 \cdot 2,8 \cdot 10^{-8} \, \mathrm{s} = 5,6 \cdot 10^{-8} \, \mathrm{s}$$

Die Wechselspannung hat also die Frequenz $f = \dfrac{1}{T} = \dfrac{1}{5,6 \cdot 10^{-8} \, \mathrm{s}} = 1,8 \cdot 10^7 \, \mathrm{Hz}$.

$A = b \cdot d = 2,0 \cdot 10^{-2} \, \mathrm{m} \cdot 0,50 \cdot 10^{-3} \, \mathrm{m} = 1,0 \cdot 10^{-5} \, \mathrm{m^2}$
$n = 8,5 \cdot 10^{19} \, \mathrm{mm^{-3}} = 8,5 \cdot 10^{19} \cdot (10^{-3} \, \mathrm{m})^{-3} = 8,5 \cdot 10^{19} \cdot 10^9 \, \mathrm{m^{-3}} = 8,5 \cdot 10^{28} \, \mathrm{m^{-3}}$

Aufgabe 4.7 a
S. 46

$$I = n \cdot e \cdot A \cdot v \quad \Rightarrow \quad v = \frac{I}{n \cdot e \cdot A}$$

$$v = \frac{20 \, \mathrm{A}}{8,5 \cdot 10^{28} \, \mathrm{m^{-3}} \cdot 1,6 \cdot 10^{-19} \, \mathrm{C} \cdot 1,0 \cdot 10^{-5} \, \mathrm{m^2}} =$$

$$= 1,5 \cdot 10^{-4} \, \mathrm{m\,s^{-1}}$$

Hinweis: Wenn kein Strom fließt, bewegen sich die Elektronen mit rund 100 km s^{-1} gleichmäßig in alle Richtungen, daher ist ihre resultierende Durchschnittsgeschwindigkeit null. Bei einer Stromstärke von 20 A kommt für jedes Elektron eine winzige Geschwindigkeit von 0,15 mm s^{-1} hinzu. Da sie für jedes Elektron dieselbe Richtung (entgegen der Stromrichtung) hat, ist dies die Driftgeschwindigkeit der Elektronen.

Aufgabe 4.7 b
S. 46

Die LORENTZ-Kraft F drängt die Elektronen zum oberen Rand der Folie. So entsteht dort ein Elektronenüberschuss und am unteren Rand ein Elektronenmangel. Dies führt zu einem elektrischen Feld E_H bzw. zu der HALL-Spannung U_H zwischen dem oberen und dem unteren Folienrand. Es stellt sich ein Kräftegleichgewicht zwischen der nach unten gerichteten Kraft F_H des Feldes E_H und der nach oben gerichteten LORENTZ-Kraft F ein:

$$F_H = F$$
$$e \cdot E_H = e \cdot v \cdot B$$
$$\frac{U_H}{b} = v \cdot B \quad \Rightarrow \quad B = \frac{U_H}{b \cdot v} = \frac{0{,}72 \cdot 10^{-6}\ \text{V}}{0{,}020\ \text{m} \cdot 1{,}5 \cdot 10^{-4}\ \text{m s}^{-1}} = 0{,}24\ \text{T}$$

Lösungen Kap. 5

Aufgabe 5.1 a
S. 57

Die im Magnetfeld senkrecht durchsetzte Fläche im Innern von S ist:

$$A = l_1 \cdot l_2 + l_3 \cdot l_4 =$$
$$= 2{,}0\ \text{cm} \cdot 2{,}0\ \text{cm} + 1{,}0\ \text{cm} \cdot 1{,}0\ \text{cm}$$
$$= 5{,}0\ \text{cm}^2$$

Der Fluss beträgt:

$$\Phi = B \cdot A = 0{,}32\ \text{T} \cdot 5{,}0 \cdot (10^{-2}\ \text{m})^2$$
$$= 1{,}6 \cdot 10^{-4}\ \text{Wb}$$

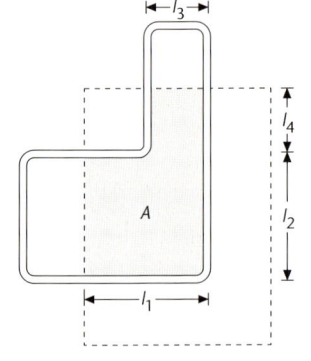

Aufgabe 5.1 b
S. 57

Die vom Magnetfeld senkrecht durchsetzte Fläche im Innern von S ist:

$$A = l_1 \cdot l_2 = 2{,}0\ \text{cm} \cdot 3{,}0\ \text{cm} = 6{,}0\ \text{cm}^2$$

Der Fluss beträgt:

$$\Phi = B \cdot A = 0{,}32\ \text{T} \cdot 6{,}0 \cdot (10^{-2}\ \text{m})^2 = 1{,}9 \cdot 10^{-4}\ \text{Wb}$$

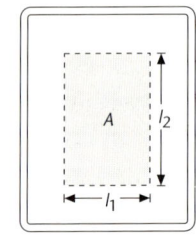

Aufgabe 5.1 c
S. 57

Die Fläche der Leiterschleife ist $A_0 = l \cdot b = 5{,}0\ \text{cm} \cdot 1{,}5\ \text{cm} = 7{,}5\ \text{cm}^2$.
Die zur Leiterfläche senkrechte Komponente der Flussdichte B ist $B_s = B \cdot \cos\alpha$.

Der Fluss beträgt:
$$\Phi = A_0 \cdot B_s = A_0 \cdot B \cdot \cos\alpha = 7{,}5 \cdot (10^{-2}\ \text{m})^2 \cdot 0{,}32\ \text{T} \cdot \cos 40° = 1{,}8 \cdot 10^{-4}\ \text{Wb}$$

Aufgabe 5.2 a
S. 57

Linke-Hand-Regel für Elektronen:

Die LORENTZ-Kraft F wirkt auf ein freies Elektron im Leiterstab nach unten. Die Elektronen fließen also zur unteren Gleitschiene.
Punkt Q wird dadurch zum Minuspol, Punkt P zum Pluspol einer Spannungsquelle.

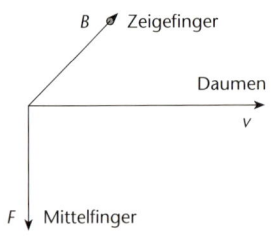

Begründung mit der LORENTZ-Kraft:

Aufgabe 5.2 b
S. 58

Im Leiterstab bewegen sich die Elektronen nach unten. Die Stromrichtung ist dieser Bewegungsrichtung negativer Ladungen entgegengerichtet, also im Leiterstab nach oben.

Begründung mit der LENZ'schen Regel:

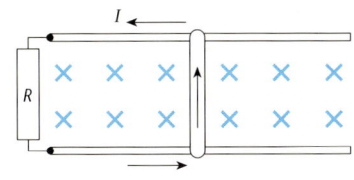

Beim Verschieben des Leiterstabs nehmen die umschlossene Fläche und damit der magnetische Fluss zu. Nach der LENZ'schen Regel ist der induzierte Strom so gerichtet, dass er dieser Zunahme des magnetischen Flusses entgegenwirkt: Der Strom erzeugt in der umschlossenen Fläche ein nach vorn (auf den Beobachter zu) gerichtetes magnetisches Gegenfeld.
Hält man den Daumen der rechten Hand in diese Richtung, so geben die Finger die Drehrichtung des Induktionsstroms an: Er umfließt die umschlossene Fläche im Gegenuhrzeigersinn. Also fließt er im Leiterstab nach oben, das heißt, die Elektronen fließen nach unten.

$$U = Blv = 0{,}60\,\text{T} \cdot 0{,}25\,\text{m} \cdot 0{,}80\,\text{m s}^{-1} = 0{,}12\,\text{V}$$

Aufgabe 5.2 c
S. 58

$$I = \frac{U}{R} = \frac{0{,}12\,\text{V}}{10\,\Omega} = 0{,}012\,\text{A}$$

Die Ursache des Induktionsstroms ist die Bewegung des Leiters nach rechts. Nach der LENZ'schen Regel wirkt der Induktionsstrom dieser Ursache entgegen, bewirkt also im Leiter eine bremsende Kraft nach links. Soll der Leiter mit konstanter Geschwindigkeit bewegt werden, muss diese Bremskraft kompensiert werden durch eine nach rechts gerichtete Kraft.
Auf den Stab wirkende Bremskraft:

Aufgabe 5.2 d
S. 58

$$F = lIB = 0{,}25\,\text{m} \cdot 0{,}012\,\text{A} \cdot 0{,}60\,\text{T} = 1{,}8 \cdot 10^{-3}\,\text{N}$$

$$W = F \cdot s = 1{,}8 \cdot 10^{-3}\,\text{N} \cdot 0{,}30\,\text{m} = 5{,}4 \cdot 10^{-4}\,\text{J}$$

Aufgabe 5.2 e
S. 58

Die Spannungsquelle gibt an den Verbraucher, also den Widerstand R, die elektrische Energie $E_{\text{el}} = U \cdot I \cdot t$ ab:

$$E_{\text{el}} = U \cdot I \cdot t = U \cdot I \cdot \frac{s}{v} = 0{,}12\,\text{V} \cdot 0{,}012\,\text{A} \cdot \frac{0{,}30\,\text{m}}{0{,}80\,\text{m s}^{-1}} = 5{,}4 \cdot 10^{-4}\,\text{J}$$

Die Gleichheit $E_{\text{el}} = W$ bestätigt den Energieerhaltungssatz.

$$t_1 = \frac{b}{v} = \frac{0{,}040\,\text{m}}{0{,}020\,\text{m s}^{-1}} = 2{,}0\,\text{s} \qquad t_2 = \frac{e}{v} = \frac{0{,}10\,\text{m}}{0{,}020\,\text{m s}^{-1}} = 5{,}0\,\text{s}$$

Aufgabe 5.3 a
S. 58

$$t_3 = \frac{e+b}{v} = \frac{0{,}14\,\text{m}}{0{,}020\,\text{m s}^{-1}} = 7{,}0\,\text{s}$$

5

Aufgabe 5.3b
S. 58

Die Eindringtiefe $s(t)$ der Spule ins Magnetfeld nimmt ständig zu: $s(t) = v \cdot t$

Damit nehmen auch die für den magnetischen Fluss wirksame Fläche $A(t)$ und der magnetische Fluss $\Phi(t)$ ständig zu:

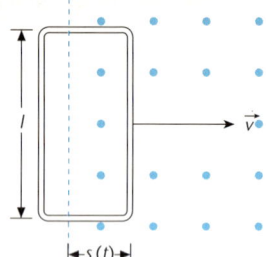

$A(t) = l \cdot s(t) = lv \cdot t$

$\Phi(t) = B \cdot A(t) = Blv \cdot t$

$Blv = 1{,}5\ \text{T} \cdot 0{,}10\ \text{m} \cdot 0{,}020\ \text{m s}^{-1} = 3{,}0 \cdot 10^{-3}\ \text{V}$

$\Phi(t) = (3{,}0 \cdot 10^{-3}\ \text{V}) \cdot t$

5

Induktionsgesetz: $U_i(t) = -N_i \cdot \dfrac{d}{dt}\,\Phi(t) = -N_i \cdot Blv$

$I(t) = \dfrac{U_i(t)}{R} = \dfrac{-N_i Blv}{R} = \dfrac{-50 \cdot 3{,}0 \cdot 10^{-3}\ \text{V}}{15\ \Omega} = -0{,}010\ \text{A}$

Hinweis: In Aufgabe 5.3c wird die *Richtung* eines positiven Induktionsstroms ermittelt werden. $I(t) = -0{,}010$ A hat die dazu entgegengesetzte Richtung.

Aufgabe 5.3c
S. 58

Im Zeitraum $t_1 \leq t_1 \leq t_2$ befindet sich die Spule vollständig im Magnetfeld. Der magnetische Fluss ist dann konstant:

$\Phi = BA = Blb = 1{,}5\ \text{T} \cdot 0{,}10\ \text{m} \cdot 0{,}040\ \text{m} = 6{,}0 \cdot 10^{-3}\ \text{V s}$

Es wird keine Spannung und kein Strom induziert.

Im Zeitraum $t_2 \leq t \leq t_3$ nimmt der magnetische Fluss im selben Maße ab, wie er im Zeitraum $0 \leq t \leq t_1$ zugenommen hat. Der Induktionsstrom hat denselben Betrag wie im Zeitraum $0 \leq t \leq t_1$.

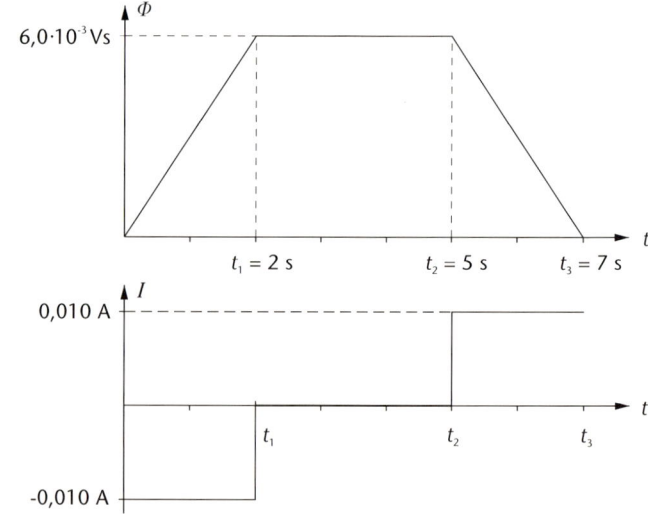

Im Zeitraum $t_2 \le t \le t_3$ nimmt der magnetische Fluss ab. Nach der LENZ'schen Regel wirkt der Induktionsstrom dieser Abnahme entgegen.

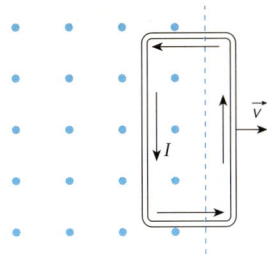

Er erzeugt in der umschlossenen Fläche ein magnetisches Feld, welches wie das vorhandene Magnetfeld nach vorn (auf den Betrachter zu) gerichtet ist.

Hält man den Daumen der rechten Hand in diese Richtung, so geben ihre Fingerspitzen die Drehrichtung des Induktionsstroms an: Er fließt im Gegenuhrzeigersinn.

Aufgabe 5.4 a
S. 59

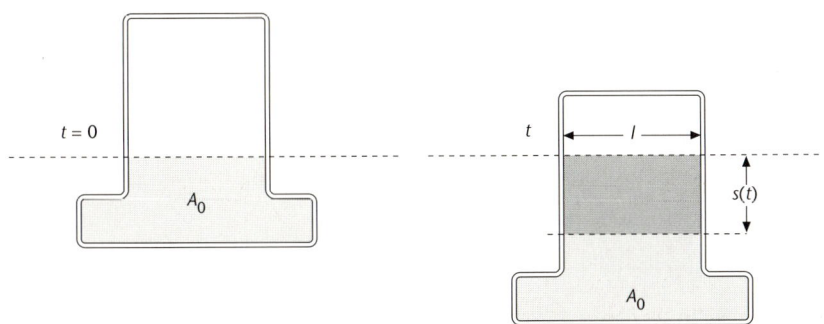

In der Zeit t ist der Leiter um die Strecke $s(t) = \frac{1}{2} a t^2$ tiefer in das Magnetfeld eingedrungen. Die für den magnetischen Fluss wirksame Fläche hat sich um den Wert $l \cdot s(t)$ vergrößert:

$$A(t) = A_0 + l \cdot s(t) = A_0 + \frac{1}{2} l a \cdot t^2$$

Dabei ist $l = l_1 - 2l_2 = 0{,}20 \text{ m} - 2 \cdot 0{,}040 \text{ m} = 0{,}12 \text{ m}$.

Der magnetische Fluss ist $\Phi(t) = B \cdot A(t) = BA_0 + \frac{1}{2} Bla \cdot t^2$.

Nach dem Induktionsgesetz gilt für den Betrag der Induktionsspannung

$$U_i(t) = \frac{d}{dt} \Phi(t) =$$

$$= \frac{d}{dt} \left(BA_0 + \frac{1}{2} Bla \cdot t^2 \right) =$$

$$= \quad 0 + \frac{1}{2} Bla \cdot 2t \quad =$$

$$= Bla \cdot t$$

Die induzierte Stromstärke ist:

$$I(t) = \frac{U_i(t)}{R} = \frac{Bla}{R} \cdot t =$$

$$= \frac{5{,}0 \text{ T} \cdot 0{,}12 \text{ m} \cdot 9{,}8 \text{ m s}^{-2}}{2{,}0 \text{ } \Omega} \cdot t = (2{,}9 \text{ A s}^{-1}) \cdot t$$

Aufgabe 5.4 b
S. 59

Auf den vom Induktionsstrom durchflossenen Leiter wirkt im Magnetfeld eine Kraft F. Da sich die Kräfte auf sämtliche im Magnetfeld befindlichen Leiterteile bis auf den mittleren Teil des unteren Drahtbügels kompensieren, ist nur dieser Leiterteil der Länge $l = 0{,}12$ m für diese Kraft verantwortlich:

$$F = lIB$$

Nach der LENZ'schen Regel ist die Kraft eine ihrer Ursache, der Gewichtskraft F_g, entgegengerichtete Bremskraft. Der Leiter fällte also mit der Beschleunigung $a_1 = \dfrac{F_g - F}{m}$.

Mit zunehmender Geschwindigkeit wird F größer und damit a_1 geringer. Wird $F = F_g$, so ist die Endgeschwindigkeit v erreicht.
Die Induktionsspannung beträgt dann $U_i = Blv$ und damit der Induktionsstrom $I = \dfrac{U_i}{R} = \dfrac{Blv}{R}$. Dann gilt $F = F_g$.

$$\Rightarrow \quad lIB = mg \quad \Rightarrow \quad l \cdot \frac{Blv}{R} \cdot B = mg$$

$$\Rightarrow \quad v = \frac{mgR}{l^2 B^2}$$

$$= \frac{0{,}040 \text{ kg} \cdot 9{,}8 \text{ m s}^{-2} \cdot 2{,}0 \text{ }\Omega}{(0{,}12 \text{ m})^2 \cdot (5{,}0 \text{ T})^2} = 2{,}2 \text{ m s}^{-1}$$

Aufgabe 5.5 a
S. 59

$$\Phi(t) = A \cdot B(t) = A \cdot \mu_0 \frac{N}{l} \cdot I(t)$$

Der magnetische Fluss $\Phi(t)$ ist direkt proportional zum Strom $I(t)$ in der Feldspule.

Zur Zeit $t = 2{,}0$ s ist die Stromstärke $I_1 = 6{,}0$ A und der Fluss:

$$\Phi_1 = A \cdot \mu_0 \frac{N}{l} \cdot I_1$$

$$= 18 \cdot (10^{-2} \text{ m})^2 \cdot 4\pi \cdot 10^{-7} \text{ Vs A}^{-1}\text{m}^{-1} \cdot \frac{12\,000}{0{,}80 \text{ m}} \cdot 6{,}0 \text{ A} = 2{,}0 \cdot 10^{-4} \text{ Vs}$$

In der Zeit zwischen 4,0 s und 7,0 s ist die Stromstärke $I_2 = -I_1$ und der Fluss $\Phi_2 = -2{,}0 \cdot 10^{-4}$ Vs.

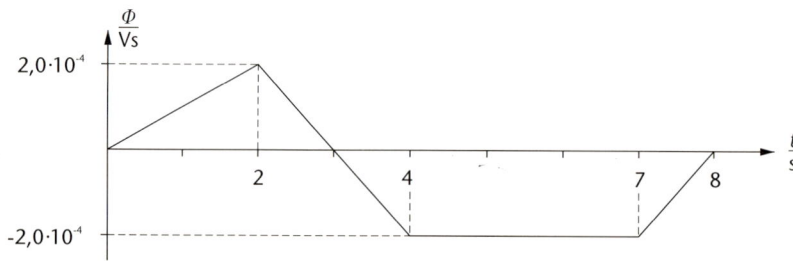

$$U_i(t) = -N_i \cdot \frac{d}{dt} \Phi(t)$$

Aufgabe 5.5 b
S. 59

Bei linearem Anstieg bzw. Abfall von Φ gilt:

$$\frac{d}{dt} \Phi(t) = \frac{\Delta\Phi}{\Delta t} \quad \Rightarrow \quad U_i = -N_i \cdot \frac{\Delta\Phi}{\Delta t} = -N_i \cdot \frac{\Phi_2 - \Phi_1}{t_2 - t_1}$$

Im Zeitraum zwischen 0 und 2 s gilt:

$$U_i = -60 \cdot \frac{2{,}0 \cdot 10^{-4}\,\text{Vs} - 0}{2{,}0\,\text{s} - 0} = -6{,}0 \cdot 10^{-3}\,\text{V}$$

Im Zeitraum zwischen 2 s und 4 s gilt:

$$U_i = -60 \cdot \frac{-2{,}0 \cdot 10^{-4}\,\text{Vs} - 2{,}0 \cdot 10^{-4}\,\text{Vs}}{4{,}0\,\text{s} - 2{,}0\,\text{s}} = +12 \cdot 10^{-3}\,\text{V}$$

Im Zeitraum zwischen 4 s und 7 s gilt: $\Phi = 0 \quad \Rightarrow \quad U_i = 0$

Im Zeitraum zwischen 7 s und 8 s gilt:

$$U_i = -60 \cdot \frac{0 - (-2{,}0 \cdot 10^{-4}\,\text{Vs})}{8{,}0\,\text{s} - 7{,}0\,\text{s}} = -12 \cdot 10^{-3}\,\text{V}$$

5

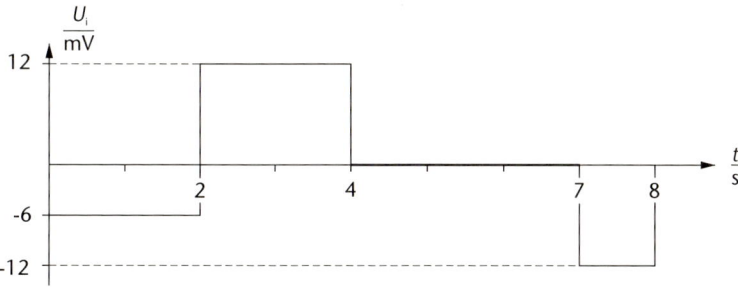

Aufgabe 5.6 a
S. 60

Bei gleichförmiger Kreisbewegung gilt:

$$\alpha(t) = \omega t = 2\pi f \cdot t = (2\pi \cdot 10\,\text{Hz}) \cdot t = (63\,\text{s}^{-1}) \cdot t$$

(War Ihnen der Zusammenhang zwischen Drehwinkel und Winkelgeschwindigkeit aus Kapitel 4.1 des Mechanik-Bandes noch in Erinnerung?)

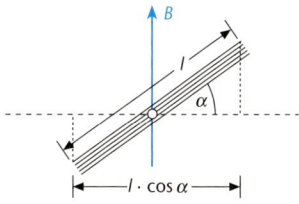

Die Projektion der Spulenfläche auf die Ebene senkrecht zur Magnetfeldrichtung hat die Kantenlängen b und $l \cdot \cos\alpha$. Also gilt:

$$A(t) = b \cdot l \cdot \cos\alpha(t) =$$
$$= 0{,}050\,\text{m} \cdot 0{,}060\,\text{m} \cdot \cos((63\,\text{s}^{-1})^{-1} \cdot t) = 3{,}0 \cdot 10^{-3}\,\text{m}^2 \cdot \cos((63\,\text{s}^{-1}) \cdot t)$$

$$\Phi(t) = B \cdot A(t) =$$
$$= 15 \cdot 10^{-3}\,\text{T} \cdot 3{,}0 \cdot 10^{-3}\,\text{m}^2 \cdot \cos((63\,\text{s}^{-1}) \cdot t) = 4{,}5 \cdot 10^{-5}\,\text{Vs} \cdot \cos((63\,\text{s}^{-1}) \cdot t)$$

Aufgabe 5.6 b
S.60

$$U(t) = -N_i \cdot \frac{d}{dt} \Phi(t) = -2000 \cdot \frac{d}{dt} (4,5 \cdot 10^{-5}\,\text{Vs} \cdot \cos((63\,\text{s}^{-1}) \cdot t)) =$$

$$= -2000 \cdot 4,5 \cdot 10^{-5}\,\text{Vs} \cdot \frac{d}{dt} \cos((63\,\text{s}^{-1}) \cdot t)$$

Hinweis: $\dfrac{d}{dt} \cos \omega t = -\omega \cdot \sin \omega t$

$$U(t) = -2000 \cdot 4,5 \cdot 10^{-5}\,\text{Vs}\,(-63\,\text{s}^{-1} \cdot \sin((63\,\text{s}^{-1}) \cdot t)) = 5,7\,\text{V} \cdot \sin((63\,\text{s}^{-1}) \cdot t)$$

Aufgabe 5.6 c
S. 60

Umdrehungsdauer $T = \dfrac{1}{f} = \dfrac{1}{10\,\text{Hz}} = 0,10\,\text{s}$

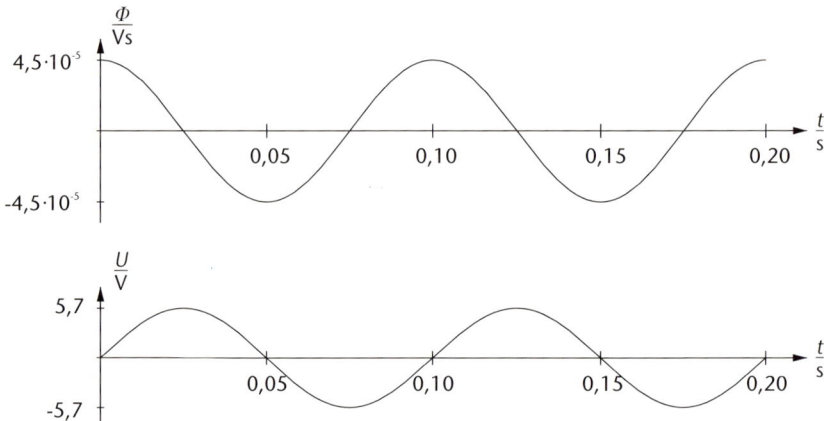

Aufgabe 5.6 d
S. 60

Das Induktionsgesetz besagt: Die Induktionsspannung ist proportional zur Änderungsgeschwindigkeit $\dfrac{d}{dt}\Phi$ des magnetischen Flusses Φ. Sie erreicht also immer dann ihren maximalen Betrag, wenn sich der Wert des magnetischen Flusses am raschesten ändert, die Tangente an den Graphen der Funktion $\Phi(t)$ also am steilsten ist. Dies ist der Fall an den Stellen des Graphen, an denen der magnetische Fluss null ist.

Aufgabe 5.7
S. 60

$$I = \frac{U_i}{R} = \frac{Blv}{R}$$

l ist die für die Änderung des magnetischen Flusses durch die Leiterschleife wirksame Teillänge des Leiters senkrecht zur Bewegungsrichtung:

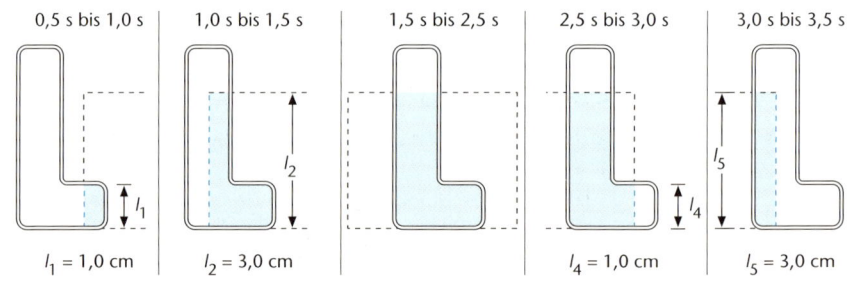

0,5 s bis 1,0 s: $I_1 = \dfrac{B l_1 v}{R} = \dfrac{7{,}0 \cdot 10^{-3}\,\text{T} \cdot 0{,}010\,\text{m} \cdot 0{,}020\,\text{m s}^{-1}}{0{,}50 \cdot 10^{-3}\,\Omega} = 2{,}8 \cdot 10^{-3}\,\text{A}$

1,0 s bis 1,5 s: $l_2 = 3 l_1 \quad\Rightarrow\quad I_2 = 3 I_1 = 8{,}4 \cdot 10^{-3}\,\text{A}$

1,5 s bis 2,5 s: Keine Flussänderung $\quad\Rightarrow\quad$ Kein Induktionsstrom

2,5 s bis 3,0 s: $l_4 = l_1 \quad\Rightarrow\quad |I_4| = I_1$

3,0 s bis 3,5 s: $l_5 = l_2 \quad\Rightarrow\quad |I_5| = I_2$

Von 0,5 s bis 1,5 s nimmt der magnetische Fluss durch den Leiter zu. Nach der Lenz'schen Regel ist das mit dem Induktionsstrom verknüpfte Magnetfeld dem vorhandenen Magnetfeld entgegengerichtet. Hält man den Daumen der rechten Hand nach vorn (auf den Betrachter zu) in Richtung des mit dem Strom verknüpften Magnetfelds, so zeigen die Fingerspitzen entgegen dem Uhrzeigersinn.
Die Stromrichtung ist also positiv.

Von 2,5 s bis 3,5 s nimmt der magnetische Fluss ab und die Stromrichtung ist negativ.

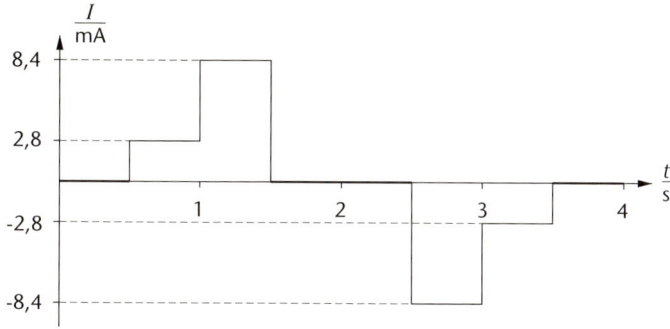

Beim Einschalten des Spulenstroms baut sich im Eisenkern ein Magnetfeld auf, weshalb der magnetische Fluss durch den Aluminiumring zunimmt.

Aufgabe 5.8
S. 61

Nach der Lenz'schen Regel wird in dem Ring ein Strom induziert, der mit einem Magnetfeld verknüpft ist. Dieses Magnetfeld wirkt der Induktionsursache, also der Zunahme des magnetischen Flusses beim Einschalten des Spulenstroms, entgegen. Das mit dem Ringstrom verknüpfte Magnetfeld ist also dem Magnetfeld der Spule entgegengerichtet.
Die Spule und der Aluminiumring stellen somit zwei Magnete dar, bei denen sich gleichartige Pole gegenüberstehen. Sie stoßen sich ab.

Beim Ausschalten des Spulenstroms nimmt der magnetische Fluss durch den Ring ab. Der Induktionsstrom hat in ihm also die entgegengesetzte Richtung wie beim Einschaltvorgang. Nun stehen sich ungleichartige Magnetpole gegenüber, die sich anziehen.

Aufgabe 5.9 a
S. 61

Bei gleichmäßiger Änderung der Stromstärke lässt sich die Ableitung $\frac{d}{dt} I$ durch den Quotienten $\frac{\Delta I}{\Delta t}$ ersetzen.

Die Selbstinduktionsspannung hat dann den Betrag $U_{\text{ind}} = L \cdot \frac{\Delta I}{\Delta t}$.

$$\Rightarrow \quad L = \frac{U_{\text{ind}}}{\frac{\Delta I}{\Delta t}} = \frac{82 \cdot 10^{-3}\,\text{V}}{3,4\,\text{A s}^{-1}} = 2,4 \cdot 10^{-2}\,\text{H}$$

Aufgabe 5.9 b
S. 61

$$L = \mu_0 A \frac{N^2}{l} \quad \Rightarrow \quad N = \sqrt{\frac{L l}{\mu_0 A}} = \sqrt{\frac{2,4 \cdot 10^{-2}\,\text{H} \cdot 0,65\,\text{m}}{4\pi \cdot 10^{-7}\,\text{V s A}^{-1}\text{m}^{-1} \cdot 40 \cdot (10^{-2}\,\text{m})^2}} =$$

$$= 1,8 \cdot 10^3$$

Aufgabe 5.9 c
S. 61

$$W_{\text{m}} = \frac{1}{2} L I^2 \quad \Rightarrow \quad I = \sqrt{\frac{2W_{\text{m}}}{L}} = \sqrt{\frac{2 \cdot 3,7 \cdot 10^{-3}\,\text{J}}{2,4 \cdot 10^{-2}\,\text{H}}} = 0,56\,\text{A}$$

$$B = \mu_0 \frac{N}{l} I = 4\pi \cdot 10^{-7}\,\text{V s A}^{-1}\text{m}^{-1} \cdot \frac{1,8 \cdot 10^3}{0,65\,\text{m}} \cdot 0,56\,\text{A} = 1,9 \cdot 10^{-3}\,\text{T}$$

Aufgabe 5.9 d
S. 61

Die Permeabilitätszahl μ_r ist der Faktor, um den die Induktivität einer materiegefüllten Spule größer ist als bei Füllung mit Luft (bzw. Vakuum). Bei gleicher Stromstärkeänderung erhöht sich die Selbstinduktionsspannung $U_{\text{ind}} = L \frac{\Delta I}{\Delta t}$ um denselben Faktor:

$$\mu_r = \frac{U_{\text{ind; Blech}}}{U_{\text{ind}}} = \frac{615\,\text{V}}{82 \cdot 10^{-3}\,\text{V}} = 7,5 \cdot 10^3$$

Aufgabe 5.10 a
S. 61

$$I_0 = \frac{U_0}{R} = \frac{15\,\text{V}}{43\,\Omega} = 0,35\,\text{A}$$

Aufgabe 5.10 b
S. 62

$$W = \frac{1}{2} L I_0^2 \quad \Rightarrow \quad L = \frac{2W}{I_0^2} = \frac{2 \cdot 67 \cdot 10^{-3}\,\text{J}}{(0,35\,\text{A})^2} = 1,1\,\text{H}$$

Aufgabe 5.10 c
S. 62

$$B = \mu_0 \frac{N}{l} I_0 = 4\pi \cdot 10^{-7}\,\text{V s A}^{-1}\text{m}^{-1} \cdot 3,0 \cdot 10^4\,\text{m}^{-1} \cdot 0,35\,\text{A} = 1,3 \cdot 10^{-2}\,\text{T}$$

Aufgabe 5.10 d
S. 62

$$U_{\text{ind}}(t) = -L \cdot \frac{d}{dt} I(t) =$$

$$= -1,1\,\text{H} \cdot \frac{d}{dt} (0,35\,\text{A} - (140\,\text{A s}^{-1}) \cdot t) =$$

$$= -1,1\,\text{H} \cdot \quad (\ 0 \quad - (140\,\text{A s}^{-1}) \cdot 1) = 1,5 \cdot 10^2\,\text{V}$$

Vor dem Öffnen des Schalters fließt wegen des wesentlich höheren Widerstands der Glimmlampe praktisch nur im Spulenkreis ein Strom: $I_0 = 0,35$ A

Aufgabe 5.10 e
S. 62

Nach dem Öffnen des Schalters verzögert die Selbstinduktionsspannung das Zurückgehen der Stromstärke auf null. Für den durch die Spule in ursprünglicher Richtung weiterfließenden Strom

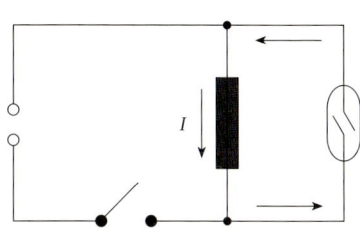

steht aber nur noch der Stromkreis aus Spule und Glimmlampe zur Verfügung. Die Elektronen fließen entgegen der Stromrichtung zur oberen Elektrode hin. Diese wird also zur kurzzeitig leuchtenden Kathode.

5
+
6

Lösungen Kap. 6

Die Frequenz der Wechselspannung ist die Frequenz der rotierenden Spule:

Aufgabe 6.1 a
S. 72

$$f = \frac{k}{t} = \frac{3000}{60 \text{ s}} = 50 \text{ Hz}$$

Die Kreisfrequenz der Wechselspannung ist die Winkelgeschwindigkeit der rotierenden Spule: $\omega = 2\pi f = 2\pi \cdot 50$ Hz $= 314$ s^{-1}

$$\Phi(t) = B \cdot A(t) = B \cdot A \cos \omega t$$

Aufgabe 6.1 b
S. 72

$$U(t) = -N \cdot \frac{\mathrm{d}}{\mathrm{d}t} \Phi(t) = -N \cdot \frac{\mathrm{d}}{\mathrm{d}t} B \cdot A \cos \omega t = -NBA \cdot \frac{\mathrm{d}}{\mathrm{d}t} \cos \omega t =$$

$$= -NBA \, (-\omega \cdot \sin \omega t) = NBA \, \omega \cdot \sin \omega t = U_\mathrm{m} \sin \omega t$$

$$U_\mathrm{m} = NBA \, \omega = 2000 \cdot 0,207 \text{ T} \cdot 25,0 \cdot (10^{-2} \text{ m})^2 \cdot 314 \text{ s}^{-1} = 325 \text{ V}$$

$$U(t) = 325 \text{ V} \cdot \sin((314 \text{ s}^{-1}) \cdot t)$$

$$I(t) = \frac{U(t)}{R} = \frac{U_\mathrm{m}}{R} \sin \omega t = I_\mathrm{m} \sin \omega t$$

$$I_\mathrm{m} = \frac{U_\mathrm{m}}{R} = \frac{325 \text{ V}}{650 \, \Omega} = 0,500 \text{ A}$$

$$I(t) = 0,500 \text{ A} \cdot \sin((314 \text{ s}^{-1}) \cdot t)$$

$$P(t) = U(t) \cdot I(t) = U_m \sin \omega t \cdot I_m \sin \omega t = U_m I_m \sin^2 \omega t = P_m \sin^2 \omega t$$

$$P_m = U_m I_m = 325 \text{ V} \cdot 0{,}500 \text{ A} = 163 \text{ W}$$

$$P(t) = 163 \text{ W} \cdot \sin^2((314 \text{ s}^{-1}) \cdot t)$$

Aufgabe 6.1 c
S. 72

Schwingungsdauer $T = \dfrac{1}{f} = \dfrac{1}{50 \text{ Hz}} = 0{,}020 \text{ s} = 20 \text{ ms}$

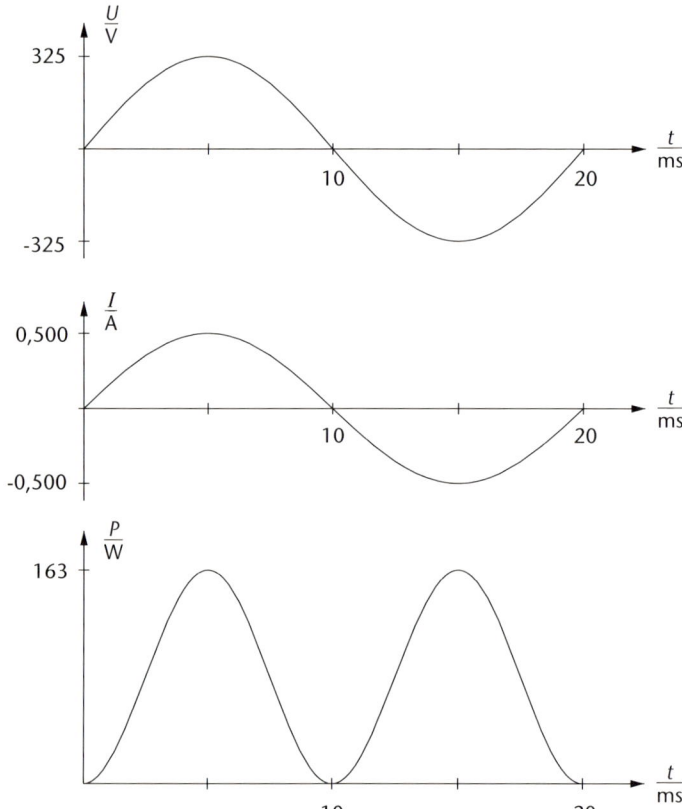

Aufgabe 6.1 d
S. 72

$U_{\text{eff}} = \dfrac{U_m}{\sqrt{2}} = \dfrac{325 \text{ V}}{\sqrt{2}} = 230 \text{ V}$　　　$I_{\text{eff}} = \dfrac{I_m}{\sqrt{2}} = \dfrac{0{,}500 \text{ A}}{\sqrt{2}} = 0{,}354 \text{ A}$

Aufgabe 6.1 e
S. 72

Für den zeitlichen Mittelwert der Leistung gilt:

$$\langle P \rangle = \frac{1}{2} P_m = \frac{1}{2} \cdot 163 \text{ W} = 81{,}5 \text{ W}$$

$$W = \langle P \rangle \cdot T = 81{,}5 \text{ W} \cdot 0{,}020 \text{ s} = 1{,}63 \text{ J}$$

Dasselbe Ergebnis erhält man mit:

$$W = U_{\text{eff}} \cdot I_{\text{eff}} \cdot T = 230 \text{ V} \cdot 0{,}354 \text{ A} \cdot 0{,}020 \text{ s} = 1{,}63 \text{ J}$$

$$X_C = \frac{U_m}{I_m} = \frac{1}{\omega C}$$

Aufgabe 6.2 a
S. 73

$$\Rightarrow \quad C = \frac{I}{\omega \cdot U_m} = \frac{\sqrt{2} \cdot I_{eff}}{2\pi f \cdot \sqrt{2} \cdot U_{eff}} = \frac{I_{eff}}{2\pi f \cdot U_{eff}} = \frac{6,1 \cdot 10^{-3} \, A}{2\pi \cdot 50 \, Hz \cdot 34 \, V} =$$

$$= 5,7 \cdot 10^{-7} \, F$$

$$T = \frac{1}{f} = \frac{1}{50 \, Hz} = 0,020 \, s \qquad U_m = \sqrt{2} \cdot U_{eff} = \sqrt{2} \cdot 34 \, V = 48 \, V$$

Aufgabe 6.2 b
S. 73

$$I_m = \sqrt{2} \cdot I_{eff} = \sqrt{2} \cdot 6,1 \cdot 10^{-3} \, A = 8,6 \cdot 10^{-3} \, A$$

Wegen $U(0) = 0$ hat der Spannungszeiger zur Zeit $t_0 = 0$ den Phasenwinkel $\varphi_0 = 0$.

Aufgabe 6.2 c
S. 73

Zur Zeit t_1 hat er den Phasenwinkel $\varphi_1 = \omega t_1 = \frac{2\pi}{T} \cdot t_1 = \frac{2\pi}{0,020 \, s} \cdot 0,025 \, s = \frac{\pi}{4}$.

Er hat sich also um $45°$ gedreht. Der Stromzeiger eilt um $90°$ voraus.

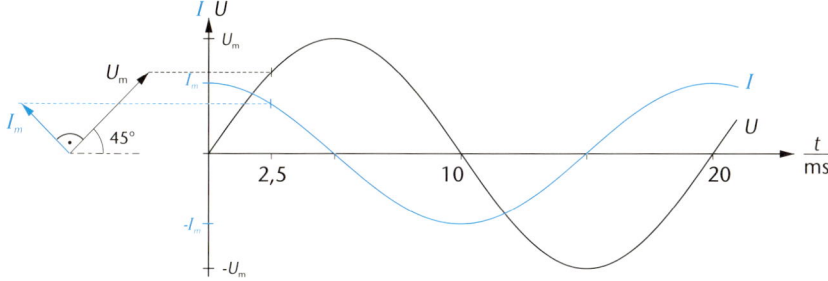

Der Kondensator wird aufgeladen, wenn die Energie seines elektrischen Feldes ($W_e = \frac{1}{2} C U^2$) zunimmt.

Aufgabe 6.2 d
S. 73

Dies geschieht, solange der Betrag der Spannung zunimmt, also in den Zeitabschnitten von 0 bis 5 ms und von 10 ms bis 15 ms.
In den Zeitabschnitten von 5 ms bis 10 ms und von 15 ms bis 20 ms wird der Kondensator entladen.

$$X_C = \frac{U_{eff}}{I_{eff}} = \frac{2,20 \, V}{I_{eff}}$$

Aufgabe 6.3 a
S. 73

f in Hz	500	1000	1500	2000	2500	3000
I_{eff} in mA	0,112	0,224	0,336	0,448	0,560	0,672
X_C in kΩ	19,6	9,82	6,55	4,91	3,92	3,27

Aufgabe 6.3 b
S. 73

f in Hz	500	1 000	1 500	2 000	2 500	3 000
X_C in kΩ	19,6	9,82	6,55	4,91	3,92	3,27
$X_C \cdot f$ in $10^6\,\Omega\,\mathrm{Hz}$	9,8	9,8	9,8	9,8	9,8	9,8

$$X_C \cdot f = 9,8 \cdot 10^6\,\Omega\,\mathrm{Hz} \quad \Rightarrow \quad X_C = (9,8 \cdot 10^6\,\Omega\,\mathrm{Hz}) \cdot \frac{1}{f}$$

Aufgabe 6.3 c
S. 73

Wegen $X_C = \dfrac{1}{\omega C} = \dfrac{1}{2\pi f C} = \dfrac{1}{2\pi C} \cdot \dfrac{1}{f}$ gilt $\dfrac{1}{2\pi C} = 9,8 \cdot 10^6\,\Omega\,\mathrm{Hz}$.

$$\Rightarrow \quad C = \frac{1}{2\pi \cdot 9,8 \cdot 10^6\,\Omega\,\mathrm{Hz}} = 1,6 \cdot 10^{-8}\,\mathrm{F}$$

Aufgabe 6.4 a
S. 73

$$X_L = \frac{U_\mathrm{m}}{I_\mathrm{m}} = \omega L$$

$$\Rightarrow \quad L = \frac{U_\mathrm{m}}{\omega I_\mathrm{m}} = \frac{\sqrt{2} \cdot U_\mathrm{eff}}{2\pi f \cdot \sqrt{2} \cdot I_\mathrm{eff}} = \frac{U_\mathrm{eff}}{2\pi f \cdot I_\mathrm{eff}} = \frac{223\,\mathrm{V}}{2\pi \cdot 50\,\mathrm{Hz} \cdot 1,60\,\mathrm{A}} = 0,46\,\mathrm{H}$$

Aufgabe 6.4 b
S. 73

$$T = \frac{1}{f} = \frac{1}{50\,\mathrm{Hz}} = 0,020\,\mathrm{s}$$

$$U_\mathrm{m} = \sqrt{2} \cdot U_\mathrm{eff} = \sqrt{2} \cdot 223\,\mathrm{V} = 325\,\mathrm{V} \qquad I_\mathrm{m} = \sqrt{2} \cdot I_\mathrm{eff} = \sqrt{2} \cdot 1,60\,\mathrm{A} = 2,26\,\mathrm{A}$$

Aufgabe 6.44 c
S. 73

Der Spannungszeiger hat sich zwischen $t_0 = 0$ und $t_1 = 2,5$ ms um 45° gedreht (Begründung siehe Aufgabe 6.2 c). Der Stromzeiger eilt um 90° nach. (Vergleiche die Kurve auf der nächsten Seite.)

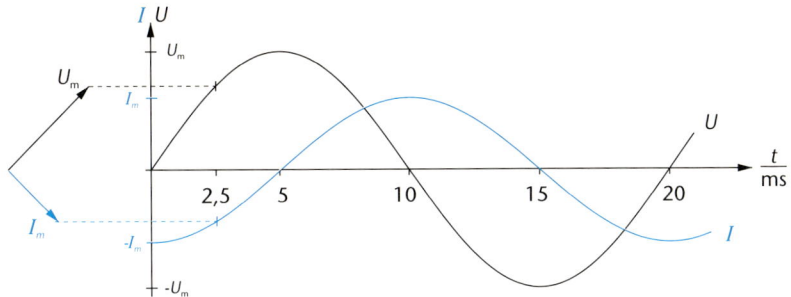

Das Magnetfeld wird aufgebaut, wenn die Energie des Magnetfelds der Spule $(W_m = \frac{1}{2} LI^2)$ zunimmt.

Aufgabe 6.4 d
S. 74

Dies geschieht, solange der Betrag der Stromstärke zunimmt, also in den Zeitabschnitten von 5 ms bis 10 ms und von 15 ms bis 20 ms.
In den Zeitabschnitten von 0 bis 5 ms und von 10 ms bis 15 ms wird das Magnetfeld abgebaut.

$$X_L = \frac{U_{eff}}{I_{eff}} = \frac{2{,}50\ \text{V}}{I_{eff}}$$

Aufgabe 6.5 a
S. 74

f in Hz	1000	1500	2000	2500	3000
I_{eff} in mA	0,568	0,379	0,284	0,227	0,189
X_L in kΩ	4,40	6,60	8,80	11,0	13,2

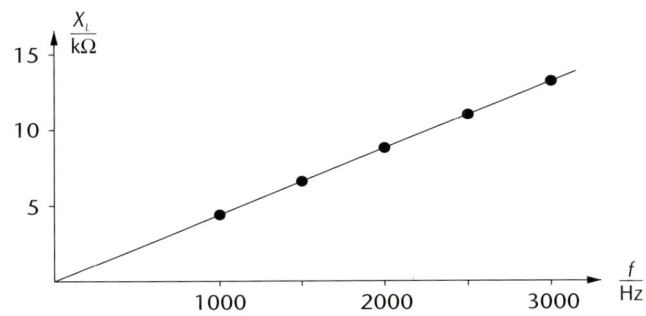

Das Diagramm zeigt eine Ursprungsgerade der Form $X_L = k \cdot f$. Der Proportionalitätsfaktor k lässt sich als Steigung der Geraden mit einem beliebigen Zahlenpaar bestimmen:

Aufgabe 6.5 b
S. 74

$$k = \frac{X_L}{f} = \frac{13{,}2 \cdot 10^3\ \Omega}{3000\ \text{Hz}} = 4{,}40\ \text{H} \quad \Rightarrow \quad X_L = (4{,}40\ \text{H}) \cdot f$$

Wegen $X_L = \omega L = 2\pi f \cdot L = 2\pi L \cdot f$ gilt $k = 2\pi L$. Der Proportionalitätsfaktor k ist die Induktivität L der Spule multipliziert mit der Zahl 2π.
Würde man auf der Rechtsachse nicht f, sondern $\omega = 2\pi f$ angeben, so hätte die Gerade die Steigung L.

Aufgabe 6.5 c
S. 74

$$2\pi L = 4{,}40\ \text{H} \quad\Rightarrow\quad L = \frac{4{,}40\ \text{H}}{2\pi} = 0{,}700\ \text{H}$$

Aufgabe 6.6
S. 74

Schaltung I kommt nicht infrage, denn bei Gleichspannung ist der Widerstand des Kondensators und damit der Gesamtwiderstand der Reihenschaltung unendlich groß.

Schaltung II kommt nicht infrage, denn bei Gleichspannung ist der Widerstand der idealen Spule und damit der Gesamtwiderstand der Parallelschaltung null.

Schaltung III kommt nicht infrage, denn bei Gleichspannung ist der Widerstand der idealen Spule null, der Gesamtwiderstand $100\ \Omega$ der Reihenschaltung würde also durch den ohmschen Widerstand R allein verursacht.
In einer Reihenschaltung müsste bei angelegter Wechselspannung der Gesamtwiderstand größer sein als jeder Einzelwiderstand. Der Gesamtwiderstand $70\ \Omega$ ist aber kleiner als $R = 100\ \Omega$.

Nur Schaltung IV kommt infrage, denn bei Gleichspannung ist der Widerstand des Kondensators unendlich, der Gesamtwiderstand $100\ \Omega$ der Parallelschaltung wird allein durch den ohmschen Widerstand verursacht.
In einer Parallelschaltung ist bei angelegter Wechselspannung der Gesamtwiderstand kleiner als jeder Einzelwiderstand und kann also $70\ \Omega$ betragen.

Aufgabe 6.7 a
S. 75

Bei Gleichspannung wird der Strom allein durch den ohmschen Widerstand R begrenzt:

$$R = \frac{U_0}{I_0} = \frac{20\ \text{V}}{0{,}20\ \text{A}} = 100\ \Omega$$

Aufgabe 6.7 b
S. 75

$$X_L = \frac{U_{\text{eff }L}}{I_{\text{eff}}} = \omega L \quad\Rightarrow\quad L = \frac{U_{\text{eff }L}}{\omega I_{\text{eff}}} = \frac{U_{\text{eff }L}}{2\pi f I_{\text{eff}}}$$

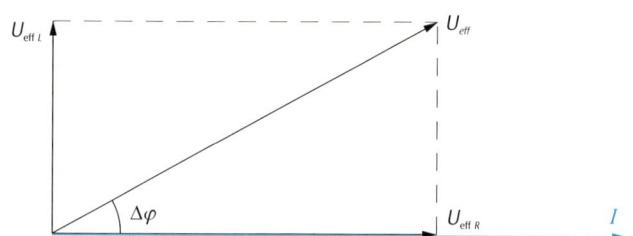

Aus dem Zeigerdiagramm ergibt sich: $(U_{\text{eff}})^2 = (U_{\text{eff }R})^2 + (U_{\text{eff }L})^2$

$$\Rightarrow\quad U_{\text{eff }L} = \sqrt{(U_{\text{eff}})^2 - (U_{\text{eff }R})^2} = \sqrt{(U_{\text{eff}})^2 - (RI_{\text{eff}})^2}$$

$$L = \frac{\sqrt{(U_{\text{eff}})^2 - (RI_{\text{eff}})^2}}{2\pi f I_{\text{eff}}} = \frac{\sqrt{(25\ \text{V})^2 - (100\ \Omega \cdot 0{,}22\ \text{A})^2}}{2\pi \cdot 50\ \text{Hz} \cdot 0{,}22\ \text{A}} = 0{,}17\ \text{H}$$

Aus dem Zeigerdiagramm ergibt sich:

Aufgabe 6.7 c
S. 75

$$\cos\Delta\varphi = \frac{U_{\text{eff }R}}{U_{\text{eff}}} = \frac{R\cdot I_{\text{eff}}}{U_{\text{eff}}} = \frac{100\,\Omega\cdot 0{,}22\,\text{A}}{25\,\text{V}}$$

$\Rightarrow \quad \Delta\varphi = 28°$ Der Strom eilt der Spannung um 28° nach.

Aufgabe 6.7 d
S. 75

$$(U_{\text{eff}})^2 = (U_{\text{eff }R})^2 + (U_{\text{eff }L})^2$$

$$(XI_{\text{eff}})^2 = (RI_{\text{eff}})^2 + (X_L I_{\text{eff}})^2$$

$$X^2 \quad = R^2 \quad + X_L^2 \quad \Rightarrow \quad X = \sqrt{R^2 + X_L^2}$$

$$\tan\Delta\varphi = \frac{U_{\text{eff }L}}{U_{\text{eff }R}} = \frac{X_L I_{\text{eff}}}{R I_{\text{eff}}} = \frac{X_L}{R}$$

6

Für $f_1 = 1{,}0$ Hz: $X_{L1} = 2\pi f_1 L = 2\pi\cdot 1{,}0\,\text{Hz}\cdot 0{,}17\,\text{H} = 1{,}1\,\Omega$

$$X_1 = \sqrt{R^2 + (X_{L1})^2} = \sqrt{(100\,\Omega)^2 + (1{,}1\,\Omega)^2} = 100\,\Omega$$

$$\tan\Delta\varphi_1 = \frac{X_{L1}}{R} = \frac{1{,}1\,\Omega}{100\,\Omega} \quad \Rightarrow \quad \Delta\varphi_1 = 0{,}63°$$

Für $f_2 = f = 50$ Hz: $X_{L2} = 2\pi f_2 L = 2\pi\cdot 50\,\text{Hz}\cdot 0{,}17\,\text{H} = 53\,\Omega$

$$X_2 = \sqrt{R^2 + (X_{L2})^2} = \sqrt{(100\,\Omega)^2 + (53\,\Omega)^2} = 113\,\Omega$$

$$\Delta\varphi_2 = \Delta\varphi = 28° \text{ (siehe Teilaufgabe 6.7 c)}$$

Für $f_3 = 1{,}0\cdot 10^3$ Hz: $X_{L3} = 2\pi f_3 L = 2\pi\cdot 1{,}0\cdot 10^3\,\text{Hz}\cdot 0{,}17\,\text{H} = 1{,}1\cdot 10^3\,\Omega$

$$X_3 = \sqrt{R^2 + (X_{L3})^2} = \sqrt{(100\,\Omega)^2 + (1{,}1\cdot 10^3\,\Omega)^2} = 1{,}1\cdot 10^3\,\Omega$$

$$\tan\Delta\varphi_3 = \frac{X_{L3}}{R} = \frac{1{,}1\cdot 10^3\,\Omega}{100\,\Omega} \quad \Rightarrow \quad \Delta\varphi_3 = 85°$$

Aufgabe 6.8 a
S. 75

$$U^2 \quad = U_R^2 + U_C^2$$

$$(XI)^2 = (RI)^2 + (X_C I)^2$$

$$X^2 \quad = R^2 \quad + X_C^2$$

$$X \quad = \sqrt{R^2 + X_C^2}$$

$$X \quad = \sqrt{R^2 + \left(\frac{1}{\omega C}\right)^2}$$

$$X \quad = \sqrt{R^2 + \frac{1}{(2\pi fC)^2}}$$

$$I = \frac{U}{X} = \frac{U}{\sqrt{R^2 + X_C^2}} = \frac{U}{\sqrt{R^2 + \dfrac{1}{(2\pi fC)^2}}}$$

$$\tan\Delta\varphi = \frac{U_C}{U_R} = \frac{X_C I}{RI} = \frac{X_C}{R} = \frac{1}{\omega CR} = \frac{1}{(2\pi fC)^2}$$

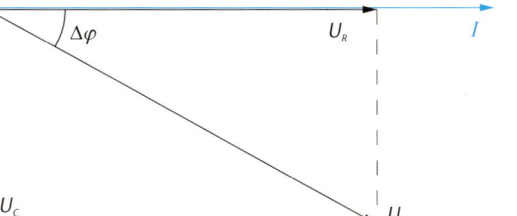

Aufgabe 6.8 b
S. 75

$$U_R = RI = \frac{RU}{\sqrt{R^2 + X_C^2}} = \frac{U}{\sqrt{1 + \left(\frac{X_C}{R}\right)^2}} = \frac{U}{\sqrt{1 + \frac{1}{(2\pi f R C)^2}}}$$

$$U_C = X_C I = \frac{X_C U}{\sqrt{R^2 + X_C^2}} = \frac{U}{\sqrt{\left(\frac{R}{X_C}\right)^2 + 1}} = \frac{U}{\sqrt{(2\pi f R C)^2 + 1}}$$

Aufgabe 6.8 c
S. 75

$$U_R = \frac{U}{\sqrt{1 + \frac{1}{(2\pi f R C)^2}}} = \frac{100\ \text{V}}{\sqrt{1 + \frac{1}{(2\pi \cdot 120 \cdot 10^3\ \Omega \cdot 10 \cdot 10^{-9}\ \text{F})^2 \cdot f^2}}} =$$

$$= \frac{100\ \text{V}}{\sqrt{1 + \frac{1}{(5{,}7 \cdot 10^{-5}\ \text{s}^2) \cdot f^2}}}$$

$$U_C = \frac{U}{\sqrt{(2\pi f R C)^2 + 1}} =$$

$$= \frac{100\ \text{V}}{\sqrt{(5{,}7 \cdot 10^{-5}\ \text{s}^2) \cdot f^2 + 1}}$$

f in Hz	1	100	200	500
U_R in V	0,75	60	83	97
U_C in V	100	80	55	26

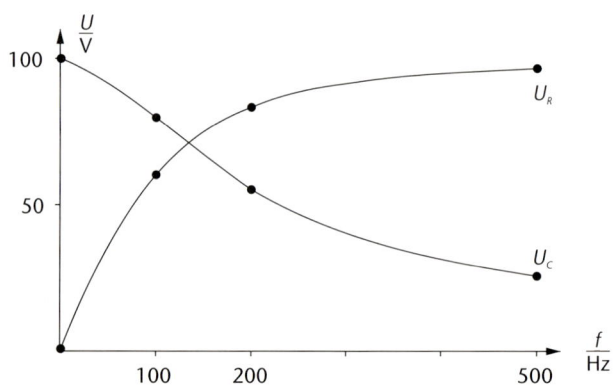

Aufgabe 6.9
S. 76

Gesamtwiderstand $X = \dfrac{U}{I} = \dfrac{12{,}5\ \text{V}}{45{,}0 \cdot 10^{-3}\ \text{A}} =$

$= 278\ \Omega$

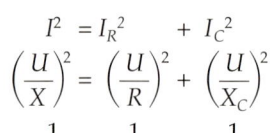

$$I^2 = I_R^2 + I_C^2$$

$$\left(\frac{U}{X}\right)^2 = \left(\frac{U}{R}\right)^2 + \left(\frac{U}{X_C}\right)^2$$

$$\frac{1}{X^2} = \frac{1}{R^2} + \frac{1}{X_C^2} \quad \Rightarrow \quad \frac{1}{R^2} = \frac{1}{X^2} - \frac{1}{X_C^2} = \frac{1}{X^2} - (\omega C)^2$$

$$\Rightarrow \quad R^2 = \frac{1}{\frac{1}{X^2} - (\omega C)^2}$$

$$\Rightarrow \quad R = \cfrac{1}{\sqrt{\cfrac{1}{X^2} - (2\pi fC)^2}} = \cfrac{1}{\sqrt{\cfrac{1}{(278\ \Omega)^2} - (2\pi \cdot 960\ \text{Hz} \cdot 450 \cdot 10^{-9}\ \text{F})^2}} = 424\ \Omega$$

$$\tan\Delta\varphi = \frac{I_C}{I_R} = \cfrac{\cfrac{U}{X_C}}{\cfrac{U}{R}} = \frac{R}{X_C} = \cfrac{R}{\cfrac{1}{\omega C}} = \omega CR =$$

$$= 2\pi fCR = 2\pi \cdot 960\ \text{Hz} \cdot 450 \cdot 10^{-9}\ \text{F} \cdot 424\ \Omega = 1{,}15$$

$\Rightarrow \quad \Delta\varphi = 49° \qquad$ Der Strom eilt der Spannung um 49° voraus.

Aufgabe 6.10 a
S. 76

$$U = |\,U_L - U_C\,|$$
$$XI = |\,X_L I - X_C I\,|$$

$$X = |\,X_L - X_C\,| = \left|\,2\pi fL - \frac{1}{2\pi fC}\,\right|$$

$$X = \left|\,(2\pi \cdot 0{,}15\ \text{H}) \cdot f - \frac{1}{(2\pi \cdot 60 \cdot 10^{-9}\ \text{F}) \cdot f}\,\right|$$

$$X = \left|\,(0{,}94\ \text{H}) \cdot f - \frac{1}{(3{,}8 \cdot 10^{-7}\ \text{F}) \cdot f}\,\right|$$

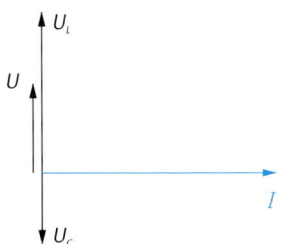

Aufgabe 6.10 b
S. 76

$$X_L = X_C$$

$$2\pi f_0 L = \frac{1}{2\pi f_0 C} \quad \Rightarrow \quad f_0^{\,2} = \frac{1}{(2\pi)^2 LC} \quad \Rightarrow \quad f_0 = \frac{1}{2\pi\sqrt{LC}}$$

$$f_0 = \frac{1}{2\pi\sqrt{0{,}15\ \text{H} \cdot 60 \cdot 10^{-9}\ \text{F}}} =$$

$$= 1{,}7 \cdot 10^3\ \text{Hz}$$

Aufgabe 6.10 c
S. 76

$$X = \left|\,(0{,}94\ \text{H}) \cdot f - \frac{1}{(3{,}8 \cdot 10^{-7}\ \text{F}) \cdot f}\,\right|$$

f in kHz	1,0	1,5	2,0	3,0
X in kΩ	1,7	0,34	0,56	1,9

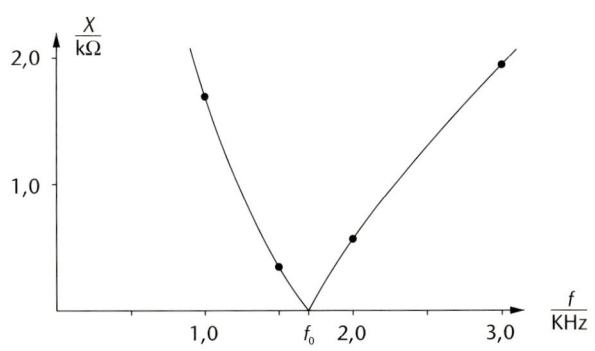

Aufgabe 6.10 d
S. 76

Bei der Resonanzfrequenz f_0 wird der Widerstand minimal (null bei einer idealen Spule). Im Gegensatz zu allen anderen Frequenzen, bei denen ein hoher Widerstand den Strom begrenzt, fließt ein Strom der Frequenz f_0 ungehindert durch die Reihenschaltung, die man als „Kette" aus L und C bezeichnet.

Ein Strom dieser Frequenz wird also aus Strömen anderer Frequenzen „ausgesiebt".

Aufgabe 6.10 e
S. 76

$f_1 = 1{,}0 \text{ kHz} < f_0 = 1{,}7 \text{ kHz} \quad \Rightarrow \quad X_C > X_L \quad \Rightarrow \quad U_C > U_L$

Für $U_C > U_L$ eilt der Strom I der Spannung U um 90° voraus und die Schaltung kann durch einen Kondensator ersetzt werden.

$$X_{C_1} = X \quad \Rightarrow \quad \frac{1}{2\pi f_1 C_1} = X \quad \Rightarrow \quad C_1 = \frac{1}{2\pi f_1 X}$$

$$C_1 = \frac{1}{2\pi \cdot 1{,}0 \cdot 10^3 \text{ Hz} \cdot 1{,}7 \cdot 10^3 \ \Omega} =$$

$$= 9{,}4 \cdot 10^{-8} \text{ F}$$

Der Kondensator muss die Kapazität 94 nF haben.

Aufgabe 6.10 f
S. 76

$f_2 = 3{,}0 \text{ kHz} > f_0 = 1{,}7 \text{ Hz} \quad \Rightarrow \quad X_L > X_C \quad \Rightarrow \quad U_L > U_C$

Für $U_L > U_C$ eilt der Strom I der Spannung U um 90° nach und die Schaltung kann durch eine ideale Spule ersetzt werden.

$$X_{L_2} = X \quad \Rightarrow \quad 2\pi f_2 L_2 = X \quad \Rightarrow \quad L_2 = \frac{X}{2\pi f_2}$$

$$L_2 = \frac{1{,}9 \cdot 10^3 \ \Omega}{2\pi \cdot 3{,}0 \cdot 10^3 \text{ Hz}} = 0{,}10 \text{ H}$$

Die Spule muss die Induktivität 0,10 H haben.

Aufgabe 6.11 a
S. 76

$$I_m = \sqrt{2} \cdot I_{\text{eff}} = \sqrt{2} \cdot 2{,}55 \cdot 10^{-3} \text{ A} = 3{,}61 \cdot 10^{-3} \text{ A}$$

$$I_m = I_{mL} - I_{mC} \quad \Rightarrow \quad I_{mC} = I_{mL} - I_m$$

$$I_{mC} = 6{,}0 \cdot 10^{-3} \text{ A} - 3{,}61 \cdot 10^{-3} \text{ A} = 2{,}4 \cdot 10^{-3} \text{ A}$$

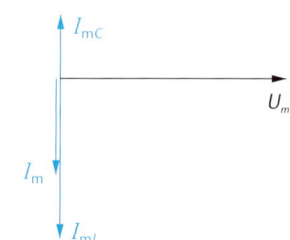

Aufgabe 6.11 b
S. 76

$$X_L = \frac{U_m}{I_{mL}} = \omega L \quad \Rightarrow \quad \omega = \frac{U_m}{I_{mL} \cdot L} = \frac{6{,}0 \text{ V}}{6{,}0 \cdot 10^{-3} \text{ A} \cdot 40 \cdot 10^{-3} \text{ H}} = 2{,}5 \cdot 10^4 \text{ s}^{-1}$$

$$X_C = \frac{U_m}{I_{mC}} = \frac{1}{\omega C} \quad \Rightarrow \quad C = \frac{I_{mC}}{\omega U_m} = \frac{2{,}4 \cdot 10^{-3} \text{ A}}{2{,}5 \cdot 10^4 \text{ s}^{-1} \cdot 6{,}0 \text{ V}} = 1{,}6 \cdot 10^{-8} \text{ F}$$

Der Zuleitungsstrom eilt der angelegten Wechselspannung $U(t) = U_m \sin \omega t$ um 90° nach.

Aufgabe 6.11c
S. 76

$$\Rightarrow \quad I(t) = -I_m \cos \omega t$$

$$\Rightarrow \quad \cos \omega t = -\frac{I(t)}{I_m} = -\frac{(-2,0 \cdot 10^{-3}\,\text{A})}{3,6 \cdot 10^{-3}\,\text{A}}$$

$$\Rightarrow \quad \omega t = 0,98 \quad \text{(Taschenrechner auf RAD umstellen)}$$

$$Q(t) = C \cdot U(t) = C \cdot U_m \sin \omega t = 1,6 \cdot 10^{-8}\,\text{F} \cdot 6,0\,\text{V} \cdot \sin 0,98 = 8,0 \cdot 10^{-8}\,\text{C}$$

Aufgabe 6.12a
S. 77

6

Die Effektivwerte I_{eff}, $I_{\text{eff}\,C}$ und $I_{\text{eff}\,L}$ sind proportional zu dem Maximalwerten I, I_C und I_L, die durch die Zeigerlängen gegeben sind.

Für $I_{\text{eff}\,C} > I_{\text{eff}\,L}$: $I_{\text{eff}} = I_{\text{eff}\,C} - I_{\text{eff}\,L}$
Für $I_{\text{eff}\,C} = I_{\text{eff}\,L}$: $I_{\text{eff}} = 0$ $\Big\}$ $\Rightarrow$ $I_{\text{eff}} = |I_{\text{eff}\,C} - I_{\text{eff}\,L}|$
Für $I_{\text{eff}\,C} < I_{\text{eff}\,L}$: $I_{\text{eff}} = I_{\text{eff}\,L} - I_{\text{eff}\,C}$

$$I_{\text{eff}\,C} = \frac{U_{\text{eff}}}{X_C} = U_{\text{eff}} \cdot 2\pi f C \qquad I_{\text{eff}\,L} = \frac{U_{\text{eff}}}{X_L} = \frac{U_{\text{eff}}}{2\pi f L}$$

Mit zunehmender Frequenz wird die Stromstärke im Spulenkreis $I_{\text{eff}\,L}$ geringer und die Stromstärke im Kondensatorkreis $I_{\text{eff}\,C}$ größer. Die Stromstärke in der Zuleitung ist $I_{\text{eff}} = |I_{\text{eff}\,C} - I_{\text{eff}\,L}|$.

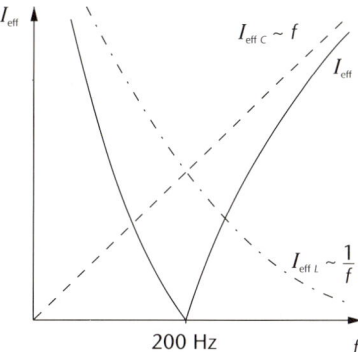

Für $f < 200$ Hz gilt: Bei zunehmender Frequenz wird die Differenz zwischen dem abnehmenden Spulenstrom und dem zunehmenden Kondensatorstrom immer geringer.

Für $f = 200$ Hz heben sich die beiden gegenphasigen Ströme auf.

Für $f > 200$ Hz gilt: Bei zunehmender Frequenz wird die Differenz zwischen dem zunehmenden Kondensatorstrom und dem abnehmenden Spulenstrom immer größer.

Bei der Resonanzfrequenz $f_0 = 200$ Hz fließt kein Strom in der Zuleitung zur Parallelschaltung, die man als „Kreis" aus L und C bezeichnen kann. Ein Strom dieser Frequenz wird im Gegensatz zu Strömen mit anderen Frequenzen „gesperrt".

Aufgabe 6.12b
S. 77

Aufgabe 6.12 c
S. 77

Im Resonanzfall (f_0 = 200 Hz) gilt: $X_L = X_C$ ⇒ $2\pi f_0 L = \dfrac{1}{2\pi f_0 C}$

$$\Rightarrow \quad C = \frac{1}{4\pi^2 f_0^2 L} = \frac{1}{4\pi^2 (200\text{ Hz})^2 \cdot 0{,}127\text{ H}} = 4{,}99 \cdot 10^{-6}\text{ F}$$

Aufgabe 6.12 d
S. 77

$$X = \frac{U_{\text{eff}}}{I_{\text{eff}}} = \frac{U_{\text{eff}}}{|\,I_{\text{eff } C} - I_{\text{eff } L}\,|} = \frac{U_{\text{eff}}}{\left|\dfrac{U_{\text{eff}}}{X_C} - \dfrac{U_{\text{eff}}}{X_L}\right|} = \frac{1}{\left|\dfrac{1}{X_C} - \dfrac{1}{X_L}\right|} =$$

$$= \frac{1}{\left|\,2\pi f C - \dfrac{1}{2\pi f L}\,\right|}$$

$$X = \frac{1}{\left|\,2\pi \cdot 4{,}99 \cdot 10^{-6}\text{ F} \cdot f - \dfrac{1}{2\pi \cdot 0{,}127\text{ H} \cdot f}\,\right|}$$

$$X = \frac{1}{\left|\,(3{,}14 \cdot 10^{-5}\text{ F}) \cdot f - \dfrac{1}{(0{,}798\text{ H}) \cdot f}\,\right|}$$

Aufgabe 6.12 e
S. 77

$U_{\text{eff}} = X \cdot I_{\text{eff}}$

Die Formel $X = \dfrac{1}{\left|\dfrac{1}{X_C} - \dfrac{1}{X_L}\right|}$ ist nur für $X_C \neq X_L$, also nur für $f \neq f_0$ anwendbar, da sich für $X_C = X_L$ im Nenner ja null ergeben würde.

Man muss der Skizze also das Messwertepaar f = 100 Hz und I_{eff} = 100 mA entnehmen:

$$U_{\text{eff}} = X \cdot I_{\text{eff}} = \frac{1}{\left|\,(3{,}14 \cdot 10^{-5}\text{ F}) \cdot 100\text{ Hz} - \dfrac{1}{(0{,}798\text{ H}) \cdot 100\text{ Hz}}\,\right|} \cdot 0{,}100\text{ A} =$$

$$= 10{,}6\text{ V}$$

Lösungen Kap. 7

Aufgabe 7.1 a
S. 95

$T = 2\pi\sqrt{LC} = 2\pi\sqrt{630\text{ H} \cdot 40 \cdot 10^{-6}\text{ F}} = 1{,}0\text{ s}$

$\omega = \dfrac{2\pi}{T} = \dfrac{2\pi}{1{,}0\text{ s}} = 6{,}3\text{ s}^{-1}$

Aufgabe 7.1 b
S. 95

$U(t) = U_m \cos \omega t$ ⇒ $U(t) = 10\text{ V} \cdot \cos((6{,}3\text{ s}^{-1}) \cdot t)$

$Q_m = C \cdot U_m = 40 \cdot 10^{-6}\text{ F} \cdot 10\text{ V} = 4{,}0 \cdot 10^{-4}\text{ C}$

$Q(t) = Q_m \cos \omega t$ ⇒ $Q(t) = 4{,}0 \cdot 10^{-4}\text{ C} \cdot \cos((6{,}3\text{ s}^{-1}) \cdot t)$

Energieerhaltungssatz: $\frac{1}{2} L I_m^2 = \frac{1}{2} C U_m^2$

$\Rightarrow \quad I_m = \sqrt{\dfrac{C}{L}} \cdot U_m = \sqrt{\dfrac{40 \cdot 10^{-6}\,\text{F}}{630\,\text{H}}} \cdot 10\,\text{V} = 2{,}5 \cdot 10^{-3}\,\text{A}$

$I(t) = I_m \sin \omega t \quad \Rightarrow \quad I(t) = 2{,}5 \cdot 10^{-3}\,\text{A} \cdot \sin((6{,}3\,\text{s}^{-1}) \cdot t)$

$W_e(t) = \dfrac{1}{2} c\,(U(t))^2 = \dfrac{1}{2} c\, U_m^2 \cdot \cos^2 \omega t$

$W_e(t) = \dfrac{1}{2} \cdot 40 \cdot 10^{-6}\,\text{F} \cdot (10\,\text{V})^2 \cdot \cos^2((6{,}3\,\text{s}^{-1}) \cdot t)$

$W_e(t) = 2{,}0 \cdot 10^{-3}\,\text{J} \cdot \cos^2((6{,}3\,\text{s}^{-1}) \cdot t)$

$W_m(t) = \dfrac{1}{2} L\,(I(t))^2 = \dfrac{1}{2} L I_m^2 \cdot \sin^2 \omega t$

$W_m(t) = \dfrac{1}{2} \cdot 630\,\text{H} \cdot (2{,}5 \cdot 10^{-3}\,\text{A})^2 \cdot \sin^2((6{,}3\,\text{s}^{-1}) \cdot t)$

$W_m(t) = 2{,}0 \cdot 10^{-3}\,\text{J} \cdot \sin^2((6{,}3\,\text{s}^{-1}) \cdot t)$

$W(t) = \dfrac{1}{2} L I_m^2 = 2{,}0 \cdot 10^{-3}\,\text{J}$

Aufgabe 7.1 c
S. 95

$I(t_1) = \dfrac{1}{2} I_m = I_m \cdot \sin \omega t_1 \quad \Rightarrow \quad \sin \omega t_1 = \dfrac{1}{2}$

Der Mathe-Formelsammlung entnehmen wir: $\sin 30° = \dfrac{1}{2}$; dem Winkel 30° entspricht im Bogenmaß der Winkel $\dfrac{\pi}{6}$.

$$\Rightarrow \quad \omega t_1 = \frac{\pi}{6}$$

$$\frac{2\pi}{T} t_1 = \frac{\pi}{6}$$

$$\Rightarrow \quad t_1 = \frac{1}{12} T = \frac{1}{12} \cdot 1{,}0\,\text{s} = 0{,}083\,\text{s}$$

$U(t_1) = U_m \cos \omega t_1 = U_m \cos \dfrac{\pi}{6}$

Der Mathe-Formelsammlung entnehmen wir: $\cos 30° = \dfrac{1}{2}\sqrt{3}$

$U(t_1) = U_m \cdot \dfrac{1}{2}\sqrt{3} \quad \Rightarrow \quad \dfrac{U(t_1)}{U_m} = \dfrac{1}{2}\sqrt{3} = 0{,}87$

Zur Zeit t_1 ist die Spannung auf 87 % ihres Maximalwerts abgesunken.

$W_m(t_1) = W \cdot \sin^2 \omega t_1 = W \cdot \left(\dfrac{1}{2}\right)^2 = \dfrac{1}{4} W$

$W_e(t_1) = W - W_m(t_1) = W - \dfrac{1}{4} W = \dfrac{3}{4} W$

Zur Zeit t_1 sind im Kondensator 75 % und in der Spule 25 % der Gesamtenergie des Schwingkreises gespeichert.

Aufgabe 7.1 d
S. 95

$$W_e(t_2) = \frac{1}{2} W = W \cdot \cos^2 \omega t_2 \quad \Rightarrow \quad \cos^2 \omega t_2 = \frac{1}{2}$$

$$\Rightarrow \quad \cos \omega t_2 = \sqrt{\frac{1}{2}} = \frac{1}{2}\sqrt{2}$$

Der Mathe-Formelsammlung entnehmen wir: $\cos 45° = \frac{1}{2}\sqrt{2}$; dem Winkel

45° entspricht im Bogenmaß der Winkel $\frac{\pi}{4}$.

$$\Rightarrow \quad \omega t_2 = \frac{\pi}{4}$$

$$\frac{2\pi}{T} t_2 = \frac{\pi}{4}$$

$$\Rightarrow \quad t_2 = \frac{1}{8} T = \frac{1}{8} \cdot 1{,}0 \text{ s} = 0{,}13 \text{ s}$$

$$W_m(t_2) = W - W_e(t_2) = W - \frac{1}{2} W = \frac{1}{2} W$$

Zur Zeit t_2 sind in Kondensator und Spule je 50% der Gesamtenergie des Schwingkreises gespeichert.

$$U(t_2) = U_m \cos \omega t_2 = U_m \cos \frac{\pi}{4} \qquad I(t_2) = I_m \sin \omega t_2 = I_m \sin \frac{\pi}{4}$$

Der Mathe-Formelsammlung entnehmen wir: $\cos 45° = \frac{1}{2}\sqrt{2}$ und

$$\sin 45° = \frac{1}{2}\sqrt{2}$$

$$\frac{U(t_2)}{U_m} = \frac{1}{2}\sqrt{2} = 0{,}71 \qquad\qquad \frac{I(t_2)}{I_m} = \frac{1}{2}\sqrt{2} = 0{,}71$$

Zur Zeit t_2 erreichen sowohl die Spannung als auch die Stromstärke 71 % ihres Maximalwerts.

Aufgabe 7.1 e
S. 95

$$U(t_3) = \frac{1}{2} U_m = U_m \cdot \cos \omega t_3 \quad \Rightarrow \quad \cos \omega t_3 = \frac{1}{2}$$

Der Mathe-Formelsammlung entnehmen wir: $\cos 60° = \frac{1}{2}$; dem Winkel 60° entspricht im Bogenmaß der Winkel $\frac{\pi}{3}$.

$$\Rightarrow \quad \omega t_3 = \frac{\pi}{3}$$

$$\frac{2\pi}{T} t_3 = \frac{\pi}{3}$$

$$\Rightarrow \quad t_3 = \frac{1}{6} T = \frac{1}{6} \cdot 1{,}0 \text{ s} = 0{,}17 \text{ s}$$

$$I(t_3) = I_m \sin \omega t_3 = I_m \sin \frac{\pi}{3}$$

Der Mathe-Formelsammlung entnehmen wir: $\sin 60° = \frac{1}{2}\sqrt{3}$

$$I(t_3) = I_m \cdot \frac{1}{2}\sqrt{3}$$

$$\frac{I(t_3)}{I_m} = \frac{1}{2}\sqrt{3} = 0{,}87$$

Zur Zeit t_3 ist die Stromstärke auf 87% ihres Maximalwerts angewachsen.

7

$$W_e(t_3) = W \cdot \cos^2 \omega t_3 = W \cdot \left(\frac{1}{2}\right)^2 = \frac{1}{4}W$$

$$W_m(t_3) = W - W_e(t_3) = W - \frac{1}{4}W = \frac{3}{4}W$$

Zur Zeit t_3 sind im Kondensator 25% und in der Spule 75% der Gesamtenergie des Schwingkreises gespeichert.

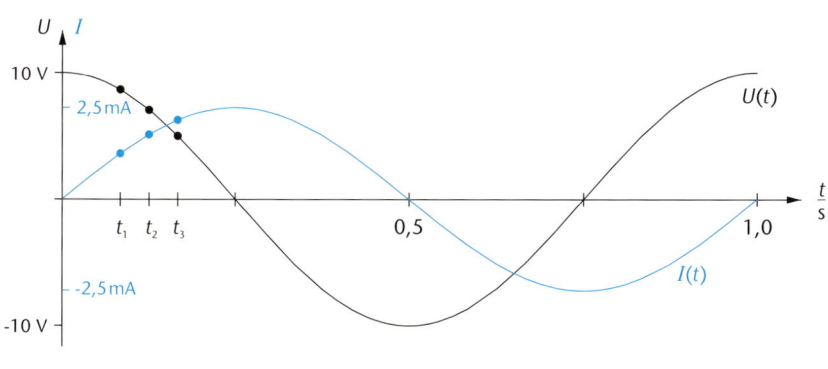

Aufgabe 7.1 f
S. 95

Aufgabe 7.2 a
S. 96

$$W = \frac{1}{2}CU_m^2 = \frac{1}{2}C\left(\frac{Q_m}{C}\right)^2 = \frac{Q_m^2}{2C}$$

$$\Rightarrow \quad C = \frac{Q_m^2}{2W} = \frac{(0{,}20 \cdot 10^{-6}\,\text{C})^2}{2 \cdot 2{,}3 \cdot 10^{-6}\,\text{J}} = 8{,}7 \cdot 10^{-9}\,\text{F}$$

Aufgabe 7.2 b
S. 96

$$f = \frac{1}{2\pi\sqrt{LC}} \quad \Rightarrow \quad f^2 = \frac{1}{4\pi^2 LC}$$

$$\Rightarrow \quad L = \frac{1}{4\pi^2 f^2 C} = \frac{1}{4\pi^2 \cdot (6{,}1\cdot 10^3\ \text{Hz})^2 \cdot 8{,}7\cdot 10^{-9}\ \text{F}} = 0{,}078\ \text{H}$$

Aufgabe 7.2 c
S. 96

Energieerhaltungssatz: $\quad \dfrac{1}{2}LI_m^2 = \dfrac{1}{2}CU_m^2 = \dfrac{Q_m^2}{2C}$

$$\Rightarrow \quad I_m = \frac{1}{\sqrt{LC}}\cdot Q_m = \frac{1}{\sqrt{0{,}078\ \text{H}\cdot 8{,}7\cdot 10^{-9}\ \text{F}}}\cdot 0{,}20\cdot 10^{-6}\ \text{C} = 7{,}7\cdot 10^{-3}\ \text{A}$$

7

Aufgabe 7.3 a
S. 96

Frequenz des Schwingkreises: $\quad f = \dfrac{1}{2\pi\sqrt{LC}}$

Wellenlänge der Grundschwingung: $\lambda = 2l$

Frequenz des Dipols in der Grundschwingung: $f_0 = \dfrac{c}{\lambda} = \dfrac{c}{2l}$

$$f = f_0 \quad \Rightarrow \quad \frac{1}{2\pi\sqrt{LC}} = \frac{c}{2l}$$

$$\Rightarrow \quad l = c\cdot\pi\sqrt{LC} = 3{,}0\cdot 10^8\ \text{m}\,\text{s}^{-1}\cdot\pi\sqrt{2{,}4\cdot 10^{-6}\ \text{H}\cdot 1{,}2\cdot 10^{-12}\ \text{F}} = 1{,}6\ \text{m}$$

Aufgabe 7.3 b
S. 96

Bei der Grundschwingung hat die Stromstärke auf dem Dipol der Länge l einen sinusförmigen Verlauf mit 2 Nullstellen an beiden Dipolenden:

$I = I_m \sin\varphi$

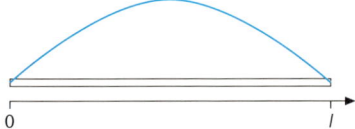

Den zu einer beliebigen Stelle x auf dem Dipol gehörigen Winkel φ erhält man durch folgende Überlegung:

Der Stelle $x = l$ entspricht die Nullstelle $\varphi = \pi$ der $\sin$-φ-Funktion.

Winkel φ und Länge x stehen also zueinander im Verhältnis $\dfrac{\varphi}{x} = \dfrac{\pi}{l}$.

$$\Rightarrow \quad \varphi = \frac{\pi}{l}x \quad \Rightarrow \quad I(x) = I_m \sin\frac{\pi}{l}x$$

$I(x) = \dfrac{1}{2}I_m$ gilt dort, wo $\sin\varphi = \dfrac{1}{2}$, also $\varphi = \dfrac{\pi}{6}$ ist:

$$\frac{\pi}{l}x = \frac{\pi}{6} \quad \Rightarrow \quad x = \frac{l}{6} = \frac{1{,}6\ \text{m}}{6} = 0{,}27\ \text{m}$$

Jeweils 27 cm von den Dipolenden entfernt ist $I = \dfrac{1}{2}I_m$.

Frequenz des Schwingkreises: $f = \dfrac{1}{2\pi\sqrt{L_2 C}}$

Aufgabe 7.3 c
S. 96

Eine stehende elektromagnetische Welle hat an beiden Dipolenden Stromknoten. In der 2. Oberschwingung hat sie noch zwei Knoten im Dipolinnern:

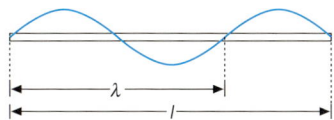

Daher beträgt die Wellenlänge: $\lambda = \dfrac{2}{3}\, l$

Frequenz des Dipols in der 2. Oberschwingung: $f_2 = \dfrac{c}{\lambda} = \dfrac{3c}{2l}$

$f = f_2 \quad\Rightarrow\quad \dfrac{1}{2\pi\sqrt{L_2 C}} = \dfrac{3c}{2l} \quad\Rightarrow\quad \dfrac{1}{4\pi^2 L_2 C} = \dfrac{9c^2}{4l^2}$

$\Rightarrow\quad L_2 = \dfrac{l^2}{9\pi^2 c^2 C} = \dfrac{(1{,}6\text{ m})^2}{9\pi^2 \cdot (3{,}0\cdot 10^8\text{ m s}^{-1})^2 \cdot 1{,}2\cdot 10^{-12}\text{ F}} = 2{,}7\cdot 10^{-7}\text{ H}$

Aufgabe 7.3 d
S. 96

| | $t = 0$ | $t = \dfrac{1}{4}T$ | $t = \dfrac{1}{2}T$ | $t = \dfrac{3}{4}T$ |

Strom:

Spannung:

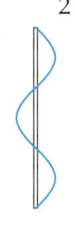

$T = \dfrac{1}{f_2} = \dfrac{2l}{3c} = \dfrac{2\cdot 1{,}6\text{ m}}{3\cdot 3{,}0\cdot 10^8\text{ m s}^{-1}} = 3{,}6\cdot 10^{-9}\text{ s}$

Länge des Dipols: $l = \dfrac{\lambda}{2}$

Aufgabe 7.4 a
S. 96

$\lambda = \dfrac{c}{f} = \dfrac{3{,}0\cdot 10^8\text{ m s}^{-1}}{2{,}5\cdot 10^8\text{ Hz}} = 1{,}2\text{ m} \quad\Rightarrow\quad l = \dfrac{1{,}2\text{ m}}{2} = 0{,}60\text{ m}$

7

Aufgabe 7.4 b
S. 96 Bedingung für Interferenzmaximum: $\Delta s = k \cdot \lambda$

$\Delta s = \overline{BP} - \overline{AP}$

$$= \sqrt{(x_P - x_B)^2 + (y_P - y_B)^2} - \sqrt{(x_P - x_A)^2 + (y_P - y_A)^2}$$

$$= \sqrt{(3{,}0\ \text{m})^2 + (1{,}2\ \text{m} + 1{,}8\ \text{m})^2} - \sqrt{(3{,}0\ \text{m})^2 + (1{,}2\ \text{m} - 1{,}8\ \text{m})^2}$$

$$= 1{,}2\ \text{m}$$

$\Rightarrow \quad \Delta s = \lambda \quad \Rightarrow \quad$ In Punkt P befindet sich ein Interferenzmaximum 1. Ordnung.

Aufgabe 7.4 c
S. 96

Der Wegunterschied $\Delta s = |\,\overline{BP} - \overline{AP}\,|$ kann nicht größer sein als der Abstand der beiden Sendedipole:

$b = \overline{AB} = y_A - y_B = 1{,}8\ \text{m} - (-1{,}8\ \text{m}) = 3{,}6\ \text{m}$

Interferenzmaxima befinden sich dort, wo $\Delta s = k \cdot \lambda$ ist.

Also gilt: $\Delta s \leq b \quad \Rightarrow \quad k \cdot \lambda \leq b \quad \Rightarrow \quad k \leq \dfrac{b}{\lambda} = \dfrac{3{,}6\ \text{m}}{1{,}2\ \text{m}} = 3{,}0$

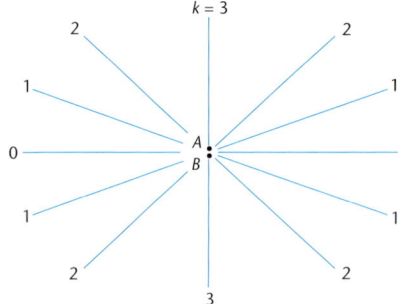

Punkte auf der y-Achse, die sich nicht zwischen A und B befinden, haben immer den Wegunterschied $\Delta s = b = 3 \cdot \lambda$. Sie sind Interferenzmaxima 3. Ordnung.

Der Skizze entnimmt man, dass in 12 Richtungen mit besonders hoher Energie abgestrahlt wird.

Aufgabe 7.4 d
S. 96

$\Delta s = b \cdot \sin\alpha \quad \Rightarrow \quad \sin\alpha = \dfrac{\Delta s}{b}$

Das Maximum k-ter Ordnung ergibt sich für den Winkel α_k mit $\sin\alpha_k = \dfrac{k \cdot \lambda}{b}$.

0. Ordnung: $\sin\alpha_0 = 0 \hspace{3.5cm} \Rightarrow \quad \alpha_0 = 0°$

1. Ordnung: $\sin\alpha_1 = \dfrac{\lambda}{b} = \dfrac{1{,}2\ \text{m}}{3{,}6\ \text{m}} \hspace{1.2cm} \Rightarrow \quad \alpha_1 = 19°$

2. Ordnung: $\sin\alpha_2 = \dfrac{2\lambda}{b} = \dfrac{2 \cdot 1{,}2\ \text{m}}{3{,}6\ \text{m}} \hspace{0.8cm} \Rightarrow \quad \alpha_2 = 42°$

3. Ordnung: $\sin\alpha_3 = \dfrac{3\lambda}{b} = \dfrac{3 \cdot 1{,}2\ \text{m}}{3{,}6\ \text{m}} \hspace{0.8cm} \Rightarrow \quad \alpha_3 = 90°$

$$\Delta s = l_2 - l_1 = \sqrt{l_1^2 + b^2} - l_1 =$$
$$= \sqrt{(7,2\ \text{m})^2 + (5,4\ \text{m})^2} - 7,2\ \text{m} = 1,8\ \text{m}$$

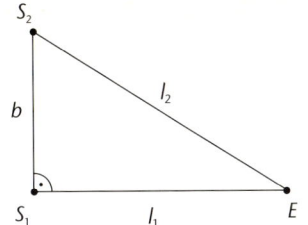

Aufgabe 7.5
S. 97

Länge der Dipole: $l = \dfrac{\lambda}{2}$

$$\Rightarrow\ \lambda = 2l = 2 \cdot 1,8\ \text{m} = 3,6\ \text{m}$$

$$\frac{\Delta s}{\lambda} = \frac{1,8\ \text{m}}{3,6\ \text{m}} = 0,50 \quad \Rightarrow \quad \Delta s = \frac{1}{2}\lambda$$

E befindet sich in einem Interferenzminimum 1. Ordnung $\quad \Rightarrow \quad W = 0$
W ist also nicht größer als W_0.

7

Mikrowellen können nachgewiesen werden, wenn der Empfänger sich nicht in einem Interferenzminimum befindet.

Aufgabe 7.6 a
S. 97

$$\lambda = \frac{c}{f} = \frac{3,0 \cdot 10^8\ \text{m s}^{-1}}{1,2 \cdot 10^{10}\ \text{Hz}} = 0,025\ \text{m}$$

$$\Delta s = b \cdot \sin\alpha$$

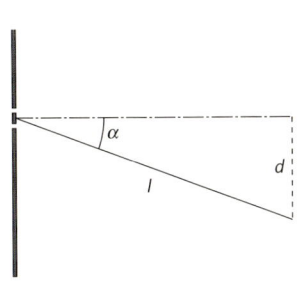

$$\sin\alpha = \frac{d}{l}$$

$$\Delta s = \frac{b \cdot d}{l} = \frac{0,036\ \text{m} \cdot 0,33\ \text{m}}{0,95\ \text{m}} = 0,0125\ \text{m}$$

$$\frac{\Delta s}{\lambda} = \frac{0,0125\ \text{m}}{0,025\ \text{m}} = 0,50 \quad \Rightarrow \quad \Delta s = \frac{1}{2}\lambda$$

$\Rightarrow$ Der Empfänger befindet sich im Minimum 1. Ordnung.
Es können keine Mikrowellen nachgewiesen werden.

Die Mikrowellen treffen auf einen Einzelspalt, dessen Breite 8,0 mm deutlich geringer ist als die Wellenlänge 2,5 cm. An ihm werden die Wellen so stark gebeugt, dass nun am Empfänger Mikrowellen nachgewiesen werden.

Aufgabe 7.6 b
S. 97

Berechnung des Winkels α, unter dem das Minimum 1. Ordnung erscheint:

Aufgabe 7.6 c
S. 97

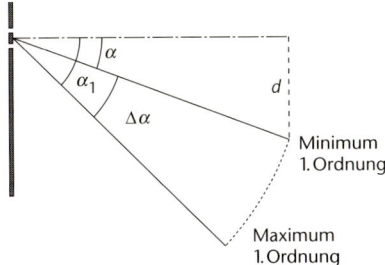

$$\sin\alpha = \frac{d}{l} = \frac{0,33\ \text{m}}{0,95\ \text{m}}$$

$$\Rightarrow \quad \alpha = 20°$$

Berechnung des Winkels α_1, unter dem das Maximum 1. Ordnung erscheint:

$$\Delta s = \lambda \quad \Rightarrow \quad \lambda = b \cdot \sin\alpha_1$$

$$\Rightarrow \quad \sin\alpha_1 = \frac{\lambda}{b} = \frac{0{,}025 \text{ m}}{0{,}036 \text{ m}} \quad \Rightarrow \quad \alpha_1 = 44°$$

Der Schwenkarm muss um den Winkel $\Delta\alpha = \alpha_1 - \alpha = 44° - 20° = 24°$ gedreht werden.

Aufgabe 7.7 a
S. 97

Bei einem Doppelspaltversuch mit Licht gilt:

$$\left.\begin{array}{l} \Delta s = b \cdot \sin\alpha \\[1.5em] \sin\alpha = \tan\alpha = \dfrac{d}{a} \end{array}\right\} \quad \Rightarrow \quad \Delta s = \frac{b \cdot d}{a}$$

Für das Maximum k-ter Ordnung gilt: $\quad k \cdot \lambda = \dfrac{b \cdot d_k}{a}$

Der Abstand des Maximums k-ter Ordnung vom Maximum 0. Ordnung beträgt damit:

$$d_k = k \cdot \frac{a\lambda}{b}$$

Der Abstand des benachbarten Maximums $(k + 1)$-ter Ordnung vom Maximum 0. Ordnung beträgt:

$$d_{k+1} = (k + 1) \cdot \frac{a\lambda}{b}$$

Der Abstand benachbarter Maxima beträgt

$$\Delta d = d_{k+1} - d_k = (k+1) \cdot \frac{a\lambda}{b} - k \cdot \frac{a\lambda}{b} = \frac{a\lambda}{b} = \frac{5{,}4 \text{ m} \cdot 750 \cdot 10^{-9} \text{ m}}{0{,}40 \cdot 10^{-3} \text{ m}} = 1{,}0 \cdot 10^{-2} \text{ m}$$

Aufgabe 7.7 b
S. 97

Bedingung für rotes Maximum: $\quad \Delta s = k_r \cdot \lambda_r$
Bedingung für grünes Maximum: $\quad \Delta s = k_g \cdot k_g$

Ein weißes Maximum entsteht dort, wo beide Bedingungen erfüllt sind:

$$k_g \cdot \lambda_g = k_r \cdot \lambda_r \quad \Rightarrow \quad k_g = \frac{\lambda_r}{\lambda_g} \cdot k_r = \frac{750 \text{ nm}}{500 \text{ nm}} \cdot k_r = \frac{3}{2} \cdot k_r$$

Die Ordnungszahlen k_g und k_r müssen natürliche Zahlen sein. Dies ist möglich, wenn k_r geradzahlig ist, also:

$$k_r = 2 \quad \Rightarrow \quad k_g = 3$$
$$k_r = 4 \quad \Rightarrow \quad k_g = 6$$
$$k_r = 6 \quad \Rightarrow \quad k_g = 9$$

…

Es gibt weiße Maxima, denn zum Beispiel fallen das rote Maximum 2. Ordnung und das grüne Maximum 3. Ordnung zusammen.

7

Für das Maximum 1. Ordnung gilt: $\lambda = \Delta s = b \cdot \sin\alpha$

Der Abstand zweier benachbarter Spalte auf dem Strichgitter beträgt:

Aufgabe 7.8
S. 98

$$b = \frac{1}{570}\,\text{mm} = 1{,}75 \cdot 10^{-6}\,\text{m}$$

$\tan\alpha = \dfrac{d}{a}$ Der Abstand d des Maximums 1. Ordnung vom Maximum 0. Ordnung ist halb so groß we der Abstand der beiden Maxima 1. Ordnung voneinander:

$$\tan\alpha = \frac{\frac{1}{2} \cdot 0{,}238\,\text{m}}{0{,}365} \qquad \Rightarrow \qquad \alpha = 21{,}2°$$

$$\lambda = b \cdot \sin\alpha = 1{,}75 \cdot 10^{-6}\,\text{m} \cdot \sin 21{,}2° = 6{,}33 \cdot 10^{-7}\,\text{m} = 633\,\text{nm}$$

7

Aufgabe 7.9 a
S. 98

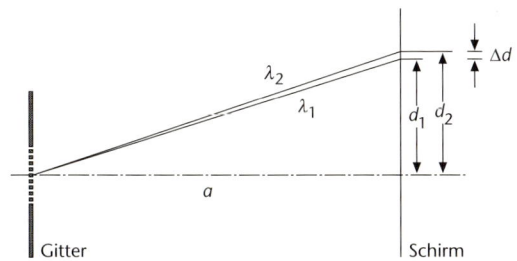

Der Abstand der Natrium-Linien auf dem Schirm ist $\Delta d = d_2 - d_1 = 1{,}5\,\text{mm}$. Dabei ist d_1 der Abstand der zur Wellenlänge $\lambda_1 = 589{,}0\,\text{nm}$ gehörigen Linie von der optischen Achse und d_2 der Abstand der zu $\lambda_2 = 589{,}6\,\text{nm}$ gehörigen Linie.

Für d_1 gilt: $\tan\alpha_1 = \dfrac{d_1}{a} \quad \Rightarrow \quad d_1 = a \cdot \tan\alpha_1$

Für d_2 gilt: $\tan\alpha_2 = \dfrac{d_2}{a} \quad \Rightarrow \quad d_2 = a \cdot \tan\alpha_2$

$\Rightarrow \quad \Delta d = d_2 - d_1 = a\,(\tan\alpha_2 - \tan\alpha_1) \quad \Rightarrow \quad a = \dfrac{\Delta d}{\tan\alpha_2 - \tan\alpha_1}$

Berechnung der Winkel α_1 und α_2: $\Delta s = \lambda \quad \Rightarrow \quad \lambda = b \cdot \sin\alpha \quad \Rightarrow \quad \sin\alpha = \dfrac{\lambda}{b}$

Der Abstand zweier benachbarter Spalte des Gitters beträgt

$$b = \frac{1}{500} \cdot 10^{-3}\,\text{m} = 2{,}00 \cdot 10^{-6}\,\text{m}.$$

$$\sin\alpha_1 = \frac{\lambda_1}{b} = \frac{589{,}0 \cdot 10^{-9}\,\text{m}}{2{,}00 \cdot 10^{-6}\,\text{m}} \qquad \Rightarrow \qquad \alpha_1 = 17{,}128°$$

$$\sin\alpha_2 = \frac{\lambda_2}{b} = \frac{589{,}6 \cdot 10^{-9}\,\text{m}}{2{,}00 \cdot 10^{-6}\,\text{m}} \qquad \Rightarrow \qquad \alpha_2 = 17{,}146°$$

Abstand des Schirms vom Gitter:

$$a = \frac{\Delta d}{\tan\alpha_2 - \tan\alpha_1} = \frac{1{,}5 \cdot 10^{-3}\ \text{m}}{\tan 17{,}146° - \tan 17{,}128°} = 4{,}4\ \text{m}$$

Aufgabe 7.9 b
S. 98

Der Wegunterschied Δs zu zwei benachbarten Gitterspalten kann nicht größer sein als der Abstand b dieser beiden Spalte:

$$\Delta s \leq b$$

Für die äußere der beiden Doppellinien mit der Wellenlänge $\lambda_2 = 589{,}6$ nm gilt also die Begrenzung:

$$k\lambda_2 \leq b \quad \Rightarrow \quad k \leq \frac{b}{\lambda_2} = \frac{2{,}00 \cdot 10^{-6}\ \text{m}}{589{,}6 \cdot 10^{-9}\ \text{m}} = 3{,}39$$

Auf beiden Seiten des Maximums 0. Ordnung lassen sich jeweils die Doppellinien 1., 2. und 3. Ordnung beobachten, insgesamt also 6 Doppellinien.

Aufgabe 7.10 a
S. 98

Der Abstand benachbarter Gitterspalte ist: $b = \frac{1}{200}$ mm $= 5{,}00 \cdot 10^{-6}$ m

Für das Maximum k-ter Ordnung gilt: $k \cdot \lambda = b \cdot \sin\alpha \Rightarrow \sin\alpha = \dfrac{k \cdot \lambda}{b}$

Spektrum 1. Ordnung ($k = 1$) von Violett (v) bis Rot (r):

$$\sin\alpha_{1v} = \frac{\lambda_v}{b} = \frac{400 \cdot 10^{-9}\ \text{m}}{5{,}00 \cdot 10^{-6}\ \text{m}} \quad \Rightarrow \quad \alpha_{1v} = 4{,}59°$$

$$\sin\alpha_{1r} = \frac{\lambda_r}{b} = \frac{780 \cdot 10^{-9}\ \text{m}}{5{,}00 \cdot 10^{-6}\ \text{m}} \quad \Rightarrow \quad \alpha_{1r} = 8{,}97°$$

Spektrum 2. Ordnung ($k = 2$):

$$\sin\alpha_{2v} = \frac{2 \cdot \lambda_v}{b} = \frac{2 \cdot 400 \cdot 10^{-9}\ \text{m}}{5{,}00 \cdot 10^{-6}\ \text{m}} \quad \Rightarrow \quad \alpha_{2v} = 9{,}21°$$

$$\sin\alpha_{2r} = \frac{2 \cdot \lambda_r}{b} = \frac{2 \cdot 780 \cdot 10^{-9}\ \text{m}}{5{,}00 \cdot 10^{-6}\ \text{m}} \quad \Rightarrow \quad \alpha_{2r} = 18{,}2°$$

Spektrum 3. Ordnung ($k = 3$):

$$\sin\alpha_{3v} = \frac{3 \cdot \lambda_v}{b} = \frac{3 \cdot 400 \cdot 10^{-9}\ \text{m}}{5{,}00 \cdot 10^{-6}\ \text{m}} \quad \Rightarrow \quad \alpha_{3v} = 13{,}9°$$

$$\sin\alpha_{3r} = \frac{3 \cdot \lambda_r}{b} = \frac{3 \cdot 780 \cdot 10^{-9}\ \text{m}}{5{,}00 \cdot 10^{-6}\ \text{m}} \quad \Rightarrow \quad \alpha_{3r} = 27{,}9°$$

Das Spektrum 1. Ordnung erscheint im Winkelbereich zwischen $\alpha_{1v} = 4{,}59°$ und $\alpha_{1r} = 8{,}97°$.
Da das Spektrum 2. Ordnung erst beim Winkel $\alpha_{2v} = 9{,}21°$ beginnt, gibt es zwischen den Spektren 1. und 2. Ordnung keine Überlagerung.

Das Spektrum 2. Ordnung erscheint im Winkelbereich zwischen $\alpha_{2v} = 9{,}21°$ und $\alpha_{2r} = 18{,}2°$. Da das Spektrum 3. Ordnung aber mit violettem Licht bereits beim Winkel $\alpha_{3v} = 13{,}9°$ beginnt, überlagern sich im Winkelbereich zwischen $13{,}9°$ und $18{,}2°$ die Spektren 2. und 3. Ordnung.

Aufgabe 7.10 b
S. 98

Bedingung für das violette Maximum im Spektrum 3. Ordnung: $\Delta s = 3 \cdot \lambda_v$
Bedingung für ein Maximum im Spektrum 2. Ordnung: $\Delta s = 2 \cdot \lambda$

Beide sind am selben Ort für: $2 \cdot \lambda = 3 \cdot \lambda_v$

$$\Rightarrow \quad \lambda = \frac{3}{2} \cdot \lambda_v = \frac{3}{2} \cdot 400 \cdot 10^{-9}\,\text{m} = 600 \cdot 10^{-9}\,\text{m}$$

7

Das Spektrum 1. Ordnung erscheint vollständig auf dem Schirm, wenn auch das rote Licht, das unter dem Winkel $\alpha_{1r} = 8{,}97°$ erscheint, gerade noch auf ihn trifft.

Aufgabe 7.10 c
S. 98

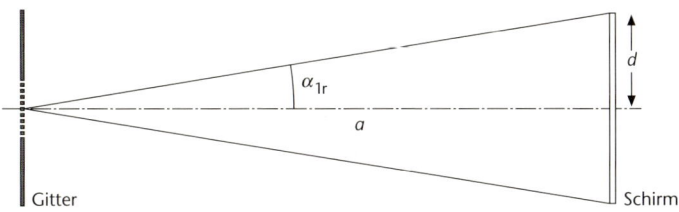

Breite des Schirms: $2d = 1{,}00\,\text{m} \quad \Rightarrow \quad d = 0{,}500\,\text{m}$

$$\tan\alpha_{1r} = \frac{d}{a} \quad \Rightarrow \quad a = \frac{d}{\tan\alpha_{1r}} = \frac{0{,}500\,\text{m}}{\tan 8{,}97°} = 3{,}17\,\text{m}$$

Die Leistung P ist wegen $P = \dfrac{W}{t}$ proportional zur Schwingenergie W. Sie ist also ebenso wie diese proportional zum Quadrat der Amplitude der elektrischen Feldstärke. Deshalb gilt:

Aufgabe 7.11 a
S. 99

$$\frac{P}{P_0} = \left(\frac{E_2}{E_0}\right)^2$$

Die Amplituden der elektrischen Feldstärken sind

vor dem Gitter: $\qquad\qquad E_0$
hinter dem Gitter: $\qquad\quad E_1$
parallel zum Empfangsdipol: E_2

Vom Feldvektor E_0 wird nur die zu den Gitterstäben senkrechte Komponente E_1 durch das Gitter gelassen. Zur Zerlegung von E_0 in die zum Gitter senkrechte und die zum Gitter parallele Komponente zeichnen wir das große Dreieck. Ihm entnehmen wir:

$E_1 = E_0 \cdot \sin\alpha$

Vom Feldvektor E_1 empfängt der Empfangsdipol nur die zu ihm parallele Komponente E_2. Zur Zerlegung von E_1 in die zum Empfangsdipol senkrechte und die zum Empfangsdipol parallele Komponente zeichnen wir das kleine Dreieck. In ihm tritt wieder der Winkel α auf, da die Schenkel dieses Winkels im kleinen Dreieck paarweise senkrecht auf den Schenkeln des Winkels α im grossen Dreieck stehen.

$$E_2 = E_1 \cdot \sin\alpha = E_0 (\sin\alpha)^2$$

$$\Rightarrow \quad \frac{P}{P_0} = \left(\frac{E_2}{E_0}\right)^2 = (\sin\alpha)^4 = (\sin 40°)^4 = 0,17$$

Es werden 17 % der Leistung P_0 empfangen.

Aufgabe 7.11 b
S. 99

Hinter dem Gitter schwingt der Vektor der elektrischen Feldstärke senkrecht zu den Gitterstäben. Der Empfangsdipol muss in diese Richtung gedreht werden.

Das bedeutet, dass der Empfangsdipol um den Winkel $90° - \alpha = 50°$ gedreht werden muss:

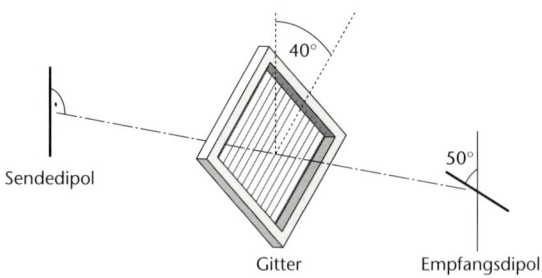

Dann wird die Amplitude E_1 vollständig empfangen: $E_1 = E_0 \cdot \sin\alpha$

$$\frac{P}{P_0} = \left(\frac{E_1}{E_0}\right)^2 = (\sin\alpha)^2 = (\sin 40°)^2 = 0,41$$

Es werden 41 % der Leistung P_0 empfangen.

Aufgabe 7.12 a
S. 99

Die Amplituden der elektrischen Feldstärken sind

vor dem Gitter:	E_0
hinter dem Gitter:	E_1
parallel zum Empfangsdipol:	E_2

Der Skize entnehmen wir:

$$E_1 = E_0 \cdot \sin\alpha \quad \text{und} \quad E_2 = E_1 \cdot \cos\alpha$$

$$\Rightarrow \quad E_2 = E_0 \cdot \sin\alpha \cdot \cos\alpha$$

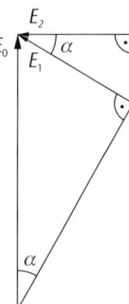

Aus dem Mathematikunterricht wissen wir, dass im Maximum einer Funktion $f(x)$ die Ableitung $f'(x) = \dfrac{d}{dx} f(x) = 0$ sein muss.

Aufgabe 7.12 b
S. 99

Hier haben wir es mit der Funktion $E_2(\alpha) = E_0 \cdot \sin\alpha \cdot \cos\alpha$ zu tun. Dabei ist E_0 eine Konstante und α die Variable, nach der abgeleitet wird. Wir müssen also die Produktregel anwenden:

$$\frac{d}{d\alpha} E_2(\alpha) = \frac{d}{d\alpha} (E_0 \cdot \sin\alpha \cdot \cos\alpha) = E_0 \cdot \frac{d}{d\alpha} (\sin\alpha \cdot \cos\alpha) =$$

$$= E_0 \left(\left(\frac{d}{d\alpha} \sin\alpha \right) \cdot \cos\alpha + \sin\alpha \cdot \left(\frac{d}{d\alpha} \cos\alpha \right) \right) =$$

$$= E_0 (\cos\alpha \cdot \cos\alpha + \sin\alpha \cdot (-\sin\alpha)) = E_0 ((\cos\alpha)^2 - (\sin\alpha)^2)$$

7

Die Funktion $E_2(\alpha)$ hat ihr Maximum bei dem Winkel α, für den gilt:

$$\frac{d}{d\alpha} E_2(\alpha) = 0 \quad \Rightarrow \quad (\cos\alpha)^2 - (\sin\alpha)^2 = 0 \quad \Rightarrow \quad (\cos\alpha)^2 = (\sin\alpha)^2$$

$$\cos\alpha = \sin\alpha$$

$$\frac{\sin\alpha}{\cos\alpha} = 1$$

$$\tan\alpha = 1$$

$$\Rightarrow \quad \alpha = 45°$$

Beim Winkel 45° beträgt die Amplitude der eintreffenden elektrischen Feldstärke:

Aufgabe 7.12 c
S. 99

$$E_2(45°) = E_0 \cdot \sin 45° \cdot \cos 45° = E_0 \cdot 0{,}50$$

Im Maximalfall werden 50 % der Amplitude E_0 empfangen.

Stichwortverzeichnis

Mentor Abiturhilfen für die Oberstufe.
Die haben's drauf.

Deutsch

- **Texte analysieren und interpretieren**
  Arbeitstechniken und Methoden (Bd. 526)

- **Wissen und Strategien fürs Abitur** (Bd. 528)

Lektüre · Durchblick
Schullektüren knapp und klar erklärt:
Inhalt, Hintergrund und Interpretation
(schon über 30 Bände)

- **Neue Rechtschreibung spielerisch**
  CD-ROM (ISBN 3-580-63534-4)

Englisch

Nobody is perfect . . . (Bd. 94)
Typische Fehler bei Abschlußprüfungen

Französisch

Atout Bac (Bd. 27, 28, 29)

Teil 1: Arbeitshilfen zum Textverständnis

Teil 2: Textarten und Textproduktion

Teil 3: Textanalyse und Textkommentar

Latein

- **Übersetzen mit System** (Bd. 599)
  Mehr Erfolg mit der richtigen Technik

Chemie

**Allgemeine und anorganische
Chemie** (Bd. 71)

Organische Chemie (Bd. 73)

Physik

- **Mechanik** (Bd. 665)

- **Elektrizität und Magnetismus** (Bd. 666)

- **Physik: Mechanik**
  CD-ROM (ISBN 3-580-63664-2)

Mathematik

**Lineare Algebra und Analytische
Geometrie** (Bd. 50)

Analysis für die Oberstufe

- **Teil 1:** Funktionen, Grenzwerte, Stetigkeit
  (Bd. 645)

- **Teil 2:** Differenzialrechnung, Exponential-
  und Logarithmusfunktionen (Bd. 646)

- **Teil 3:** Integration, Flächeninhalte (Bd. 647)

  Endspurt zum Abitur (Bd. 56)
  Lösungswege und Aufgaben zur Analysis

Biologie

- **Zellbiologie** (Bd. 690)

- **Stoffwechselbiologie** (Bd. 691)

- **Genetik** (Bd. 692)

- **Verhaltensbiologie** (Bd. 694)

- **Evolutionsbiologie** (Bd. 695)

- **Ökologie** (Bd. 696)

  **Nervensystem, Hormonsystem
  und Immunsystem** (Bd. 69)

  Biologica
  Faszination Biologie multimedial
  CD-ROM (ISBN 3-580-63700-2)

Mentor
Eine Klasse besser.

- **in neuer Rechtschreibung**

Wenn NACHHILFE... dann STUDIENKREIS®!

Der STUDIENKREIS ist mit rund 900 Schulen Deutschlands bekannte Institution für Nachhilfe- und Förderunterricht.

- Hilfe in allen Fächern - von der **Grundschule** bis zum **Abitur**

- Kostenlose Probestunden jederzeit möglich

- Spezielle Hochbegabtenförderung an ausgewählten Standorten

STUDIENKREIS®
Der Schulbegleiter

Wenn NACHHILFE... dann STUDIENKREIS®!

In den 20 Jahren seines Bestehens hat der STUDIENKREIS bisher über 350.000 Kindern und Jugendlichen geholfen.

- Unterricht durch qualifizierte Lehrkräfte
- Eigenes, bewährtes Lernmaterial - speziell für den Nachhilfeunterricht
- Notenverbesserungen in durchschnittlich neun von zehn Fällen

STUDIENKREIS®
Der Schulbegleiter

Ja, Sie haben mich neugierig gemacht.

Bitte informieren Sie mich kostenlos und unverbindlich über

○ Die STUDIENKREIS®-Schulen in meiner Nähe

○ Die STUDIENKREIS®-Computerschulen KiDS+BiTS

○ Die STUDIENKREIS®-Lernmethode

○ Die STUDIENKREIS®-Lernmaterialien

○ Die STUDIENKREIS®-Hochbegabtenförderung